2023中国城市
地下空间发展蓝皮书

中国工程院战略咨询中心
中国岩石力学与工程学会地下空间分会
中国城市规划学会

科学出版社

北 京

内 容 简 介

习近平总书记在河北雄安新区考察并主持召开高标准高质量推进雄安新区建设座谈会时指出：要在建设立体化综合交通网络上下功夫，在充分利用地下空间上下功夫，着力打造一个没有"城市病"的未来之城，真正把高标准的城市规划蓝图变为高质量的城市发展现实画卷。讲话既为雄安新区地下空间的发展指明了方向，又为我国城市地下空间的发展提供了根本遵循。城市地下空间是城市未来发展的重要增长极，中国城市地下空间发展以科技创新为动力，以产业发展为导向，以城市高质量发展为宗旨，助力实现人民对美好生活的向往。

本书响应中国城市地下空间开发利用的新形势和新要求，在往年系列蓝皮书的基础上，进一步优化和完善了城市地下空间的评价指标体系，基于 2022 年中国城市地下空间发展的基础数据，全景式展示了中国城市地下空间发展的水平和态势，增加了"地下空间减碳固碳用碳"一章，在不同维度和层面上揭示了未来城市地下空间发展的规律，为中国城市高质量发展提供参考。

本书适合从事城市地下空间开发利用的政府主管部门人员，规划、设计和施工技术人员及科研人员阅读使用。

GS 京（2025）0317 号

图书在版编目（CIP）数据

2023 中国城市地下空间发展蓝皮书 / 中国工程院战略咨询中心，中国岩石力学与工程学会地下空间分会，中国城市规划学会著. -- 北京：科学出版社，2025. 3. -- ISBN 978-7-03-081351-0

Ⅰ. TU92

中国国家版本馆 CIP 数据核字第 202535M06K 号

责任编辑：陈会迎/责任校对：贾娜娜
责任印制：张　伟/封面设计：有道设计

科学出版社 出版
北京东黄城根北街 16 号
邮政编码：100717
http://www.sciencep.com
北京建宏印刷有限公司印刷

科学出版社发行　各地新华书店经销
*
2025 年 3 月第　一　版　　开本：787×1092　1/16
2025 年 3 月第一次印刷　　印张：7 3/4
字数：131 000
定价：118.00 元
（如有印装质量问题，我社负责调换）

编 委 会

C 目 录
Contents

第 1 章

地下空间发展纵览

地下空间资源是指"在地球表面以下一定深度的土层或岩层中，天然或人工开发形成的空间及空间储备"，城市地下空间的开发利用是"对城市地下空间的利用进行研究和规划设计，然后根据其规划设计进行建造施工，并对完成后的工程项目进行使用、维护和管理的各类活动与过程的总称"。[①]

近年来，城市地下空间开发利用从深度和广度两个维度不断拓展。一方面，城市地下空间不断深化地下轨道交通和市政等传统应用领域；另一方面，城市地下空间积极向地下储能、废物处置、减碳固碳用碳等方向延伸。本书内容聚焦城市地下空间资源，即"城市区域地表以下可用于交通、商业、仓储、人防工程、管线（廊）等地下建（构）筑所涉及的空间"。

1.1 新时期城市地下空间开发利用的新形势

1.1.1 统筹协调地上地下一体化发展是城市地下空间发展的新要求

国土空间治理要求将城市看作一个有机整体，统筹协调地上地下一体化发展。

[①] 中国大百科全书（第三版）总编辑委员会. 中国大百科全书 土木工程[M]. 3 版. 北京：中国大百科全书出版社，2023.

党的二十大报告中明确指出"构建优势互补、高质量发展的区域经济布局和国土空间体系""健全主体功能区制度，优化国土空间发展格局"①。中国迈向高质量发展的新阶段，对国土空间治理提出了新要求：优化国土空间结构和布局，统筹考虑地上地下空间综合发展，形成主体功能明显、优势互补、高质量发展的国土空间开发保护新格局。国家陆续出台了《中共中央 国务院关于进一步加强城市规划建设管理工作的若干意见》《中共中央 国务院关于建立国土空间规划体系并监督实施的若干意见》等文件，均提出统筹地下空间综合利用的总体要求。

1.1.2   科学开发地下空间是新型城镇化建设和城市高质量发展的新出路

中国特色社会主义建设已进入新时代，城市的建设与发展也迈入新阶段。习近平总书记指出"要更好推进以人为核心的城镇化，使城市更健康、更安全、更宜居，成为人民群众高品质生活的空间"②。新时期城市发展更加注重以人为核心和高质量发展，而城镇化快速发展过程中的交通拥堵、环境污染、垃圾围城和土地紧缺等城市问题背离了打造高质量城市的发展目标。因此，立足新发展阶段的新要求，必须贯彻新发展理念，在新发展格局下探寻未来城市高质量发展的新出路。作为"第四国土"的城市地下空间，其科学开发利用，是顺应城市发展规律的合理选择，是促进以人为核心的新型城镇化发展的客观需求。

1.1.3   利用地下空间建设城市综合防灾体系是新形势下安全韧性发展的新方向

近年来极端天气、环境危机及各种不可预测的突发事件给城市发展带来了新挑战，提出了新要求。"韧性城市"作为一种新的城市发展理念，成为应对城市危机的新模式和城市可持续发展的新方向。党的二十大报告中也明确提出"加强城市基础

---

① 引自 2022 年 10 月 26 日《人民日报》第 1 版的文章：《高举中国特色社会主义伟大旗帜 为全面建设社会主义现代化国家而团结奋斗》。

② 习近平. 国家中长期经济社会发展战略若干重大问题[EB/OL]. http://www.qstheory.cn/dukan/qs/2020-10/31/c_1126680390.htm[2020-10-31].

设施建设，打造宜居、韧性、智慧城市"[①]。地下空间由于其密闭性好、环境稳定性强等特点，是打造韧性城市的前沿阵地。合理开发与利用城市地下空间，能够统筹布局地上地下防灾空间，建立地上地下一体化主动防灾体系，提升城市整体防灾减灾能力。

1.1.4　城市地下空间的开发利用是城市减碳固碳的新机遇

推动经济社会绿色化、低碳化发展是实现高质量发展的关键环节。党的二十大报告中指出"协同推进降碳、减污、扩绿、增长，推进生态优先、节约集约、绿色低碳发展"[①]。这是立足我国全面建设社会主义现代化国家、实现第二个百年奋斗目标的新发展阶段，对经济社会发展提出的新要求。城市地下空间在地热资源开发利用、降低城市地面污染、增加城市绿地面积、推动碳封存等方面具有巨大潜力，为城市的减碳固碳带来了新机遇。

1.2　2022年中国城市地下空间发展格局

截至2022年底，中国城市地下空间呈现"三心六片三轴"的总体发展格局。

"三心"是指引领全国城市地下空间高质量发展的三大城市群地下空间发展中心，分别为京津冀城市群、长三角城市群、粤港澳大湾区。"三心"的典型特征是地下空间开发利用以市场为主导，法治、建设、安全韧性等方面指标均领先全国，是引领全国地下空间高质量发展的第一梯队，是新时期实现"功能复合、立体开发"集约紧凑型发展的重要区域。

"六片"是指以各级中心城市为核心，不同规模城市群为主体，呈多元分布的地下空间集中发展片区，分别为粤闽浙沿海城市群、成渝城市群、山东半岛城市群、中原城市群、长江中游城市群、北部湾城市群。"六片"的典型特征是片区内城市群承载人口和经济的能力更强，各城市通过政府引导和市场力量共同推动地下空间快

---

① 引自2022年10月26日《人民日报》第1版的文章：《高举中国特色社会主义伟大旗帜　为全面建设社会主义现代化国家而团结奋斗》。

速发展，地下空间法治管理水平加快提升，地下空间建设规模相对其他区域增长更快，城市群中心城市的地下空间发展较为领先。

粤闽浙沿海城市群地下空间集中发展片区侧重于三省之间的融合发展，以区域内多个中心城市和都市圈为基础，实现地下空间发展质的飞跃；成渝城市群与长江中游城市群地下空间集中发展片区虽不能与"三心"并驾齐驱，但在国家区域战略中的地位日益凸显，地下空间随之快速发展；中原城市群、山东半岛城市群、北部湾城市群均获得一系列国家重大战略的支持，为地下空间发展提供了优越的条件。

"三轴"是指中国三条城市地下空间开发利用轴线，分别为沿海、沿长江通道和京广线。中国城市地下空间高质量发展区域以轴线上"三心""六片"为依托、其他城镇化地区为重要组成部分，形成"三心六片三轴"的地下空间总体发展格局，如图 1.2.1 所示。

图 1.2.1　2022 年中国城市地下空间发展格局

城市群划分依据《中华人民共和国国民经济和社会发展第十四个五年规划和 2035 年远景目标纲要》

1.3　2022 年中国城市地下空间建设水平

截至 2022 年底，中国城市地下空间累计建筑面积 29.62 亿平方米。

受经济形势变化、疫情防控等多因素影响，2022 年，中国城市新增地下空间建筑面积（含轨道交通、综合管廊等）约 2.62 亿平方米，同比减少 7.22%，约占同期城市建（构）筑物竣工面积的 23%，而长三角城市群以及珠三角城市群约占 25%。

2022 年各省区市[①]中，新增地下空间建筑面积超过 2000 万平方米的依次为广东、江苏、浙江、河南和山东（图 1.3.1），除安徽下降至不足 2000 万平方米以外，新增量靠前的地区基本与上年一致。

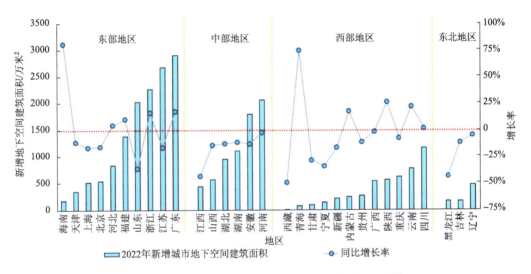

图 1.3.1　2022 年各省区市新增地下空间建筑面积比较

资料来源：各级自然资源、发展改革、住房城乡建设、人防主管部门，部分根据国家统计局及各地 2022 年国民经济和社会发展统计公报的数据计算

东部、中部、西部和东北地区划分方法依据国家统计局《东西中部和东北地区划分方法》（2011 年）

10 个省区市的新增地下空间建筑面积较上一年有所增长，主要集中在东部与西部地区。

21 个省区市的新增地下空间建筑面积较上一年减少，中部、东北地区新增地下空间建筑面积同比均呈现下降趋势，山东、江西、西藏、宁夏、黑龙江均出现了超

① 本书中除明确注明，各项统计数据均未包括香港特别行政区、澳门特别行政区和台湾省。

过 30%的降幅。

1.4　地下空间区域发展综评

依据国家统计局关于东、中、西部和东北地区的划分，分区域进行 2022 年地下空间发展综合评价，以便深入剖析、掌握全国地下空间发展的区域特征和实时动态。

1.4.1　东部地区——带动地下空间高质量发展的重要引擎

东部地区汇集了中国重要的社会资源、科创力量和资本市场，地下空间持续多元发展。2022 年，东部地区半数的省市新增地下空间建筑面积保持同比上升，城市轨道交通建设进程快于其他地区，供需市场最大，地下空间专有技术与装备的创新表现出色。

北京、上海、河北、江苏等省市坚持综合施策，完善地下空间管理领域的政策法规，着力解决地下空间使用、运营难题。

1.4.2　中部地区——地下空间建设速度放缓

2022 年，中部地区适应新形势变化的能力偏弱，新增地下空间建筑面积同比下降超过 12%。虽地下空间建设速度整体放缓，但在法治建设、规划引领及安全建造等方面深化落实高质量发展要求。

河南、湖北加快地下空间法治建设，新颁布的政策法规数量与主题类型排在全国前列。武汉、郑州、合肥、长沙等中部省会城市仍是地下空间区域发展的先驱力量，省内城市间的分化进一步显现。

1.4.3　西部地区——整体地下空间新增规模波动最小

2022 年，西部地区新增地下空间建筑面积同比增加 1.8%，是波动最小的区域。

尽管西部地区 58%的省区市新增地下空间建筑面积同比下降，但往年新增地下空间建筑面积最大的四川、云南、陕西仍保持同比增长势头。

1.4.4　东北地区——地下空间发展受冲击较大

2022 年，东北地区在经济形势变化、疫情防控等多因素影响下，新增地下空间建筑面积同比减少 17.6%。其中，辽宁地下空间发展相对平稳，新增面积同期下降为三省中最少的，政策法规的数量与类型增多。

第 2 章

城市地下空间发展综合实力评价

2.1 城市地下空间综合实力评价体系构建

随着以人为核心的新型城镇化战略深入推进，中国城市地下空间综合实力评价不仅要关注城市地下空间建设本身，同时应兼顾地下空间对经济社会发展的贡献以及地下空间供给服务水平。

2022 年城市地下空间综合实力评价体系秉承创新、协调、绿色、开放、共享的新发展理念，设置建设指标、法治支撑、重要设施、安全韧性与发展潜力共五个单项评价指标，如图 2.1.1 所示。

图 2.1.1　城市地下空间综合实力评价体系图

2.2　2022 年城市地下空间发展综合实力单项评价排名

单项评价指标的权重由影响建设的相关性分析及主成因分析得出。三级指标的最高分作为该项评价基数，各级评价指标通过加权得出地下空间综合实力指标。

2.2.1　地下空间建设指标

地下空间建设指标主要考量该城市现状已建地下空间情况、地下空间综合利用情况两个方面，2022 年地下空间建设指标排名前 10 位的城市如图 2.2.1 所示。

图 2.2.1　2022 年城市地下空间建设指标 TOP10

1. 现状已建地下空间情况

现状已建地下空间主要考量截至 2022 年底该城市地下空间的人均指标[即人均地下空间规模（建筑面积）]、建设强度与停车地下化率，详见第 3 章城市地下空间建设评价相关内容。

2. 地下空间综合利用情况

地下空间综合利用主要考量截至 2022 年底该城市地下空间非停车功能占比、轨道交通站点连通率，突出地下空间功能复合化与地下交通组织网络化程度。

2.2.2 地下空间法治支撑

地下空间法治支撑主要考量该城市地下空间管理体制的健全程度、政策法规的完善程度两个方面。2022 年地下空间法治支撑排名前 10 位的城市如图 2.2.2 所示。

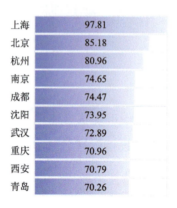

上海	97.81
北京	85.18
杭州	80.96
南京	74.65
成都	74.47
沈阳	73.95
武汉	72.89
重庆	70.96
西安	70.79
青岛	70.26

图 2.2.2　2022 年城市地下空间法治支撑 TOP10

1. 地下空间管理体制

地下空间管理体制主要考量截至 2022 年底该城市地下空间管理体制的健全程度，是否有归口管理，是否有专门的统筹管理机构，等等。

2. 地下空间政策法规

地下空间政策法规主要考量截至 2022 年底该城市颁布政策法规、规范性文件的总数量、主题类型（涵盖范围）等。

2.2.3 地下空间重要设施

地下空间重要设施的评价由城市地下交通设施系统、地下市政设施系统组成，2022 年排名前 10 位的城市如图 2.2.3 所示。

1. 地下交通设施系统

地下交通设施系统主要考量截至 2022 年底该城市建成区轨道交通站点覆盖率与线网密度、轨道交通系统客运强度，以及城区地下道路、隧道建设长度占城市道路总长度的比值。

上海	99.27
深圳	97.34
成都	93.74
北京	92.89
杭州	91.79
武汉	89.80
厦门	86.89
南京	86.60
长沙	85.12
广州	84.86

图 2.2.3　2022 年城市地下空间重要设施 TOP10

2. 地下市政设施系统

地下市政设施系统主要考量截至 2022 年底该城市已建的综合管廊建设密度、已建成地下市政设施类型（如污水处理厂、变电站、水厂等）与市政设施入地率。

2.2.4　地下空间安全韧性

地下空间安全韧性的评价反映了城市地下空间的防灾减灾能力以及公用设施对支撑城市可持续发展的配建水平。地下空间安全韧性主要考量该城市地下空间安全指标、地下生命线工程配套情况、地下避难防灾空间覆盖情况。2022 年地下空间安全韧性排名前 10 位的城市如图 2.2.4 所示。

上海	98.93
深圳	98.29
厦门	97.71
珠海	94.15
杭州	90.69
石家庄	89.86
无锡	87.66
西安	86.82
广州	86.59
昆明	86.38

图 2.2.4　2022 年城市地下空间安全韧性 TOP10

1. 地下空间安全指标

地下空间安全指标主要考量 2022 年该城市非自然因素引起的地下空间灾害、事故发生频次与新增地下空间建筑面积的比值，数值越小，表明新增单位面积的地下空间发生事故的概率越小，相较地下空间安全指标系数越高。

2. 地下生命线工程配套情况

本项着眼于地下生命线工程配套情况，地下生命线工程配套主要考量 2022 年该城市排水强度、道路的综合管廊配建率。

3. 地下避难防灾空间覆盖情况

地下避难防灾空间覆盖情况主要考量截至 2022 年底该城市建成区地下避难防灾空间覆盖率。

2.2.5　地下空间发展潜力

地下空间发展潜力主要考量该城市地下空间专业高校配置、地下空间服务市场贡献及地下空间科研项目情况。2022 年地下空间发展潜力排名前 10 位的城市如图 2.2.5 所示。

南京	99.13
郑州	98.11
成都	94.40
北京	88.00
西安	81.82
济南	72.24
长春	68.38
武汉	63.69
青岛	60.81
长沙	60.81

图 2.2.5　2022 年城市地下空间发展潜力 TOP10

1. 地下空间专业高校配置

地下空间专业高校配置主要考量截至 2022 年底该城市开设地下空间工程本科专业的高等院校数量，是否为硕、博士学位授权点，以及是否同时配置城乡规划、土地资源管理专业。

2. 地下空间服务市场贡献

地下空间服务市场贡献主要考量 2022 年该城市地下空间规划服务供应商承接地下空间项目的收入占地区生产总值的比重，以及项目的区域覆盖率。

3. 地下空间科研项目情况

地下空间科研项目情况主要考量 2022 年该城市获批国家自然科学基金、国家重点研发项目中地下空间类项目的数量与金额。

2.3　2022 年城市地下空间发展综合实力 TOP10

根据地下空间综合实力评价体系，截至 2022 年底，中国城市地下空间综合实力排名前 10 位中，东部城市占 7 席，中部城市占 2 席，西部城市占 1 席，如图 2.3.1 所示。

TOP10 城市均位于地下空间总体发展格局的"三心六片"中，其中，7 个城市位于"三心"，另 3 个城市武汉、成都、长沙为城市群地下空间集中发展片区的中心城市。

城市排名   综合得分   排名变化

	排名	城市	综合得分	排名变化
	1	上海	88.54	—
	2	杭州	87.29	—
	3	南京	82.47	—
	4	北京	80.23	—
	5	武汉	76.30	—
	6	深圳	74.71	—
	7	成都	74.61	—
	8	广州	70.22	—
	9	厦门	68.83	↑ 5
	10	长沙	68.47	↑ 1

■ 东部城市   □ 中部城市   ■ 西部城市

— 2022年排名与2021年无变化   ↑ 2022年比2021年排名上升

图 2.3.1　2022 年中国城市地下空间综合实力 TOP10

要素权重：建设指标×37%，法治支撑×24%，重要设施×21%，安全韧性×13%，发展潜力×5%。权重说明：城市地下空间综合实力指标五大要素的权重由影响建设的相关性分析及主成因分析得出

第 3 章

城市地下空间建设评价

3.1　城市地下空间建设发展评价体系

3.1.1　调研城市

本书对直辖市、省会（首府）城市、计划单列市、地级市、县级市共 200 个城市进行调研。

3.1.2　样本城市

本书对中国各城市经济发展状况、社会基础数据、交通需求关键数据和地下空间发展指标等参数进行综合分析，按照特定的选取依据和条件，选取 100 个样本城市进行展示。

3.1.3　数据来源

数据来源为国家、各省（自治区、直辖市）及其下属市、县（县级市）政府官方网站公开的统计年鉴、统计公报、规划项目中的调研数据，以及各级自然资源、发展改革、住房城乡建设、国防动员、交通运输等主管部门网站发布的统计数据等。

部分城市社会基础数据、交通需求数据、地下空间数据来源于中央媒体、刊物、中央重点新闻网站。

3.1.4 数据呈现

本书将各城市置于同一评价标准体系下，统一衡量各城市地下空间开发建设水平，制作城市地下空间基础开发建设评价图。

3.1.5 统计周期

统计周期为一个自然年，指 2022 年 1 月 1 日至 2022 年 12 月 31 日。

3.1.6 评价指标

城市建设评价指标体系包括 2 类 10 个指标要素，其中体现地下空间的指标有 4 个，即人均地下空间规模、建成区地下空间开发强度、地下空间社会主导化率、停车地下化率，如图 3.1.1 所示。

图 3.1.1 城市建设评价指标体系

通过数据采集提取、整理汇总、推算验算等方法，选取经济发展状况、社会基础数据和地下空间指标，以图形的方式进行直观的对比分析，如图 3.1.2 所示。

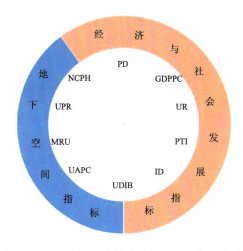

图 3.1.2　城市地下空间建设发展评价指标构成

3.1.7　蛛网图指标说明

1. PD

PD（population density，人口密度）为单位土地面积上居住的人口数。它不仅反映了地区规模对人口的承载力，也能反映地区的经济集聚能力，即人口密度越大的地区，经济集聚能力就越强。

2. GDPPC

GDPPC（GDP per capita，人均 GDP）是反映一个国家或地区经济发展和收入水平的重要指标。

人均 GDP=国内或地区生产总值/总人口

3. UR

UR（urbanization ratio，城镇化率）为一个地区城镇常住人口占该地区常住总人口的比例。城镇化率对于提升城镇化的水平与质量发挥着重要的指标导向作用，是一个国家或地区经济发展的重要标志，也是衡量一个国家或地区社会组织程度和管理水平的重要标志。

城镇化率=城镇人口/总人口（均按常住人口计算）

4. PTI

第三产业即服务业，是指除第一产业、第二产业以外的其他行业。

PTI（proportion of the tertiary industry，第三产业比重）是指第三产业占国内或地区生产总值的比重，是反映一个国家或地区所处的经济发展阶段、反映人民生活水平质量状况的重要统计指标。

5. ID

ID（industry density，产业密度）是用来反映一个国家或地区经济发展水平的重要指标，它能够准确地反映出一个国家或地区第一、二、三产业的空间布局状况和单位土地面积上的经济产出水平。

产业密度=国内或地区生产总值/国家或地区土地总面积

6. NCPH

NCPH（number cars per hundred people，小汽车百人保有量）是指一个地区每百人拥有小汽车的数量，一般是指在当地登记的车辆。

7. UDIB

UDIB（underground space development intensity of built-up，建成区地下空间开发强度）为建成区地下空间开发建筑面积（单位：万平方米）与建成区面积（单位：平方千米）之比，是衡量地下空间资源利用有序化和内涵式发展的重要指标，开发强度越高，土地利用经济效益就越大。

建成区地下空间开发强度=建成区地下空间开发建筑面积/建成区面积

8. UAPC

UAPC（underground space area per capita，人均地下空间规模）为城市或地区地下空间建筑面积的人均拥有量，是衡量城市地下空间建设水平的重要指标。

人均地下空间规模=城市地下空间总规模/城市常住人口

9. MRU

MRU（market-orient ratio of underground space，地下空间社会主导化率）为城市

普通地下空间规模（扣除人防工程规模）占地下空间总规模的比例，是衡量城市地下空间开发的社会主导或政策主导特性的指标。

地下空间社会主导化率=普通地下空间规模/地下空间总规模

10. UPR

UPR（underground parking ratio，停车地下化率）为城市（城区）地下停车泊位占城市实际总停车泊位的比例，是衡量城市地下空间功能结构、基础设施配置合理与否的重要指标。

停车地下化率=地下停车泊位/城市实际总停车泊位

3.2　样本城市选取

3.2.1　选取依据

样本城市的选取依据为经济社会、地下空间发展等历年数据相对齐全、来源可靠、可公开获取的城市：涵盖不同行政级别，包括直辖市、省会（首府）城市、计划单列市、地级市、县级市；涵盖不同区域，包括东部地区、中部地区、西部地区及东北地区；涵盖不同城市规模等级，包括超大城市、特大城市、大城市、中等城市及小城市。

3.2.2　样本城市

1. 城市行政级别

100 个样本城市按城市行政级别划分，直辖市、省会（首府）城市、计划单列市占 36%，地级市占 57%，县级市占 7%，如图 3.2.1 所示。

2. 城市规模等级

依据住房和城乡建设部《2022 年城市建设统计年鉴》，100 个样本城市按城市规模等级划分，超大城市占 10%，特大城市占 9%，大城市占 60%（Ⅰ型大城市占 18%、Ⅱ型大城市占 42%），中等城市占 18%，小城市占 3%，如图 3.2.2 所示。

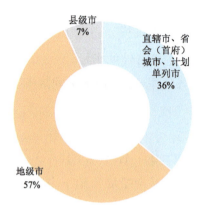

图 3.2.1　样本城市行政级别分类

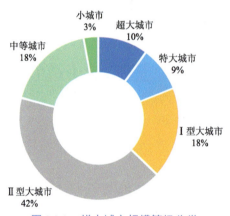

图 3.2.2　样本城市规模等级分类

3. 城市空间分布

100 个样本城市按城市空间分布划分，东部地区占 41%，中部地区占 28%，西部地区占 20%，东北地区占 11%，如图 3.2.3、图 3.2.4 所示。

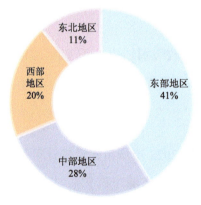

图 3.2.3　样本城市的地区分布

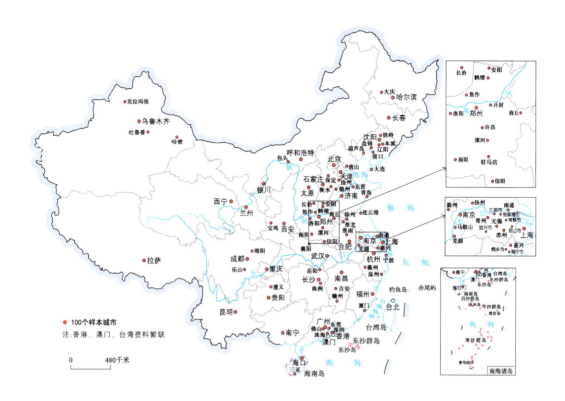

东部地区

41

北京、上海、天津、广州、深圳、珠海、佛山、东莞、杭州、宁波、温州、嘉兴、衢州、海宁、桐乡、南京、苏州、无锡、常州、扬州、徐州、连云港、南通、常熟、昆山、张家港、宜兴、江阴、济南、青岛、东营、德州、福州、厦门、石家庄、唐山、保定、沧州、衡水、海口、三亚

中部地区

28

武汉、襄阳、郑州、洛阳、开封、安阳、信阳、焦作、商丘、漯河、鹤壁、许昌、驻马店、南阳、合肥、芜湖、马鞍山、淮北、淮南、滁州、长沙、株洲、岳阳、太原、长治、南昌、吉安、赣州

沈阳、大连、辽阳、葫芦岛、营口、铁岭、盘锦、本溪、哈尔滨、大庆、长春

11

东北地区

重庆、成都、绵阳、乐山、西安、宝鸡、乌鲁木齐、克拉玛依、哈密、吐鲁番、贵阳、遵义、兰州、西宁、银川、拉萨、南宁、昆明、呼和浩特、包头

20

西部地区

图 3.2.4　100 个样本城市的地区分布统计图

34 个样本城市位于地下空间总体发展格局的"三心"，33 个样本城市位于地下空间总体发展格局的"六片"，详见表 3.2.1。样本城市的评价指标比较可进一步展现城市地下空间"三心六片三轴"总体发展格局的基本特征。

表 3.2.1　样本城市在地下空间总体发展格局中的分布

城市地下空间总体发展格局		占样本城市总数量的比例
"三心"—— 城市群地下空间发展中心 （34 个城市）	京津冀城市群	7%
	长三角城市群	22%
	粤港澳大湾区	5%
"六片"—— 城市群地下空间集中发展片 （33 个城市）	山东半岛城市群	3%
	粤闽浙沿海城市群	3%
	中原城市群	14%
	长江中游城市群	7%
	成渝城市群	4%
	北部湾城市群	2%

3.3　样本城市地下空间建设发展评价

3.3.1　环比增幅回落明显：2022 年城市地下空间建设总体"稳中有升"

截至 2022 年底，城市地下空间年均建设规模保持微增长，但增长量较 2021 年有所回落，增幅回落平均为 21.8%。增幅回落前十的城市中，各城市增幅回落均超过 30%，主要有克拉玛依、西安、哈尔滨、辽阳、呼和浩特、深圳、宁波、合肥、焦作、大连这 10 个城市，如图 3.3.1 所示。

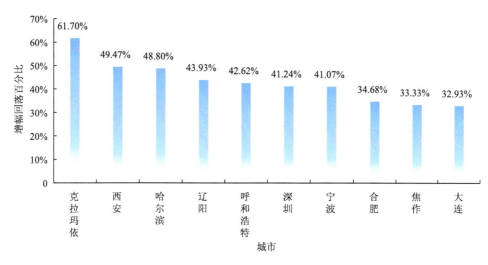

图 3.3.1　2022 年地下空间规模增幅回落前十的城市

3.3.2　人均地下空间规模：地（县）级城市人均地下空间规模增长较为明显

1. 2022 年人均地下空间指标持续增长

相较 2021 年，2022 年城市人均地下空间规模平均水平整体呈上升趋势，由 2021 年的 3.08 平方米增加至 3.51 平方米。其中，直辖市、省会（首府）城市、计划单列市地下空间 2022 年人均指标为 4.63 平方米，与 2021 年的 4.62 平方米基本保持一致；地（县）级城市地下空间建设水平较 2021 年保持微增长，人均地下空间指标由 3.42 平方米增加至 3.58 平方米，如图 3.3.2 所示。

2. 2022 年城市人均地下空间规模 TOP10

在选取的 100 个样本城市中，2022 年前 10 位人均地下空间指标为 5.55～9.71 平方米（图 3.3.3），同比 2021 年前 10 位城市人均地下空间指标 5.19～8.48 平方米，增长较明显。其中，杭州连续五年蝉联第一，北京、上海、南京、长沙、苏州 5 个城市连续五年位列前十。

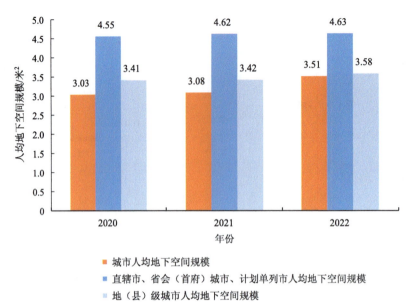

图 3.3.2　2020~2022 年城市地下空间人均指标比较

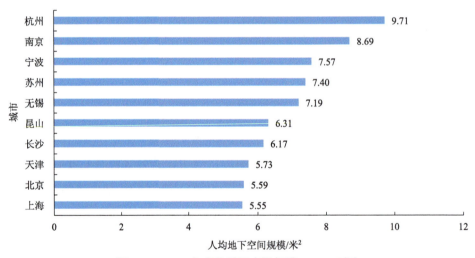

图 3.3.3　2022 年人均地下空间规模 TOP10 城市

3.3.3　地下空间开发强度：建成区地下空间开发强度与 2021 年基本一致

随着城镇化进程的发展，我国城市进入了以提升质量为发展思路、以存量空间资源为载体的发展阶段，城市更新相关政策和法律法规的出台，对城市空间资源高效利用提出了新要求，随着空间资源配置的不断优化，建成区地下空间开发强度也进一步提高。

在选取的 100 个样本城市中，建成区地下空间开发强度平均水平由 2021 年 4.13 万米²/千米² 到 2022 年 4.14 万米²/千米²，地下空间开发强度基本一致，城市集约化利用水平持续稳定。

建成区地下空间开发强度前 10 位城市，开发强度均超过 7 万米²/千米²，位列第一的佛山达到了 12.73 万米²/千米²，远高于全国平均水平。建成区地下空间开发强度与城镇化水平正相关，前 10 位城市的城镇化率已超过 75%（图 3.3.4），紧密衔接城市更新，建成区更注重存量空间资源的规划与利用。

图 3.3.4　2022 年建成区地下空间开发强度 TOP10 城市

3.3.4　地下空间社会主导化率：超大、特大城市的地下空间社会主导化发展优势明显

地下空间社会主导化率超过 50%，表明城市地下空间开发逐步从市场需求出发，政策主导的人防功能相对来说不再占据地下空间开发需求的主导地位。

2022 年地下空间社会主导化率前 10 位城市的指标值相较 2021 年微增长，地下空间社会主导化率最高的城市广州达 72.55%（图 3.3.5），地下空间社会主导化率进一步加强。

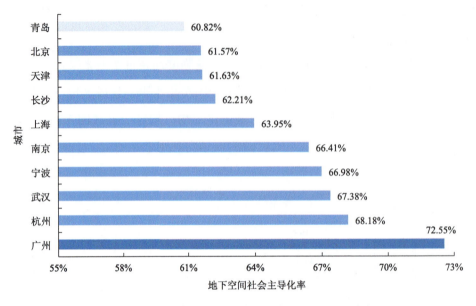

图 3.3.5　2022 年地下空间社会主导化率 TOP10 城市

　　在地下空间社会主导化率前 10 位的城市中，8 个是东部地区城市，2 个是中部地区城市，东部地区持续处于领先水平（表 3.3.1）。地下空间开发与市场需求关联紧密，除人防功能以外的其他地下功能开发多样化、综合化、市场化趋势明显。经济发展越快、市场化程度越高的城市，地下空间社会主导化率排名越靠前。

表 3.3.1　2022 年地下空间社会主导化率 TOP10 城市统计表

排名	城市	分布区域	行政级别	城市规模等级
1	广州	东部	省会城市	超大城市
2	杭州	东部	省会城市	超大城市
3	武汉	中部	省会城市	超大城市
4	宁波	东部	副省级城市	I 型大城市
5	南京	东部	省会城市	特大城市
6	上海	东部	直辖市	超大城市
7	长沙	中部	省会城市	特大城市
8	天津	东部	直辖市	超大城市
9	北京	东部	直辖市	超大城市
10	青岛	东部	副省级城市	特大城市

3.3.5　停车地下化率：汽车保有量前 20 强城市中，停车地下化率杭州最高

根据公安部 2023 年 1 月 11 日公布的数据，汽车保有量排名前 20 强城市中，杭州停车地下化率最高（超过 50%）；40%~50% 的城市有 6 个，分别是北京、上海、武汉、深圳、天津、广州；30%~40% 的城市有 3 个，分别是重庆、郑州、东莞；20%~30% 的城市有 4 个，分别是成都、青岛、济南、长沙；其余 6 个城市（苏州、西安、佛山、宁波、石家庄、临沂）的停车地下化率在 15%~20%，如图 3.3.6 所示。前 20 强城市中，汽车保有量与停车地下化率相匹配的城市，地面停车压力相对小。

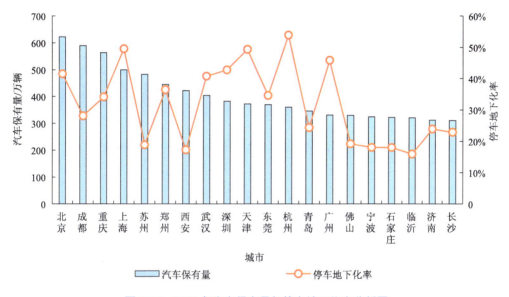

图 3.3.6　2022 年汽车保有量与停车地下化率分析图

3.3.6　2022 年 100 个样本城市地下空间建设分析

1. 直辖市、省会（首府）城市、计划单列市比较分析

选取 36 个直辖市、省会（首府）城市、计划单列市进行指标比较与分析。

1）城市经济、社会相关指标

36 个直辖市、省会（首府）城市、计划单列市的经济社会发展水平普遍较高，其人均 GDP、城镇化率、第三产业比重普遍高于全国平均水平，有 19 个城市的人均 GDP 超过 10 万元，33 个城市的城镇化率超过 70%，31 个城市的第三产业比重高于

全国平均水平；人口密度及产业密度方面，因城市面积、建成区范围较大，相较于全国平均水平优势不明显，有 34 个城市人口密度高于全国平均水平，19 个城市产业密度高于全国平均水平，相关指标情况如图 3.3.7 和图 3.3.8 所示。

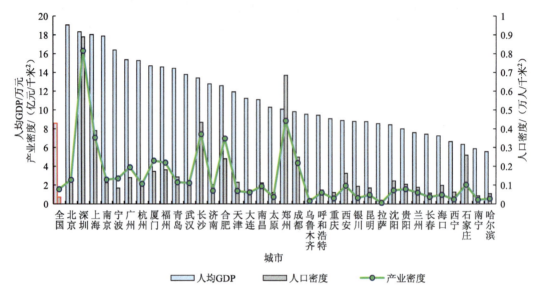

图 3.3.7　直辖市、省会（首府）城市、计划单列市的人均 GDP、
人口密度、产业密度指标

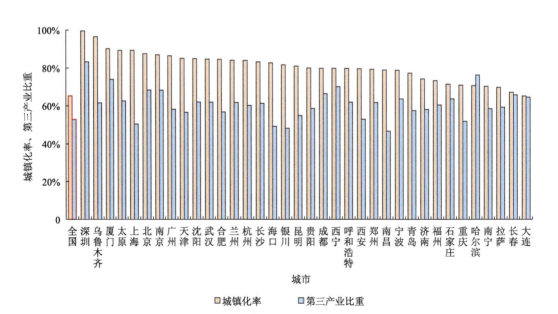

图 3.3.8　直辖市、省会（首府）城市、计划单列市的城镇化率、第三产业比重指标

2）城市地下空间指标

A. 人均地下空间规模

人均地下空间规模与建成区地下空间开发强度大致是正相关的，发展趋势基本一致。

2022 年全国城市人均地下空间规模平均值为 3.51 平方米，36 个直辖市、省会（首府）城市、计划单列市中只有 8 个城市低于平均值，分别是西安、昆明、兰州、乌鲁木齐、银川、长春、西宁、拉萨（图 3.3.9）。与 2021 年相比，2022 年人均地下空间规模大于 5.0 平方米的直辖市、省会（首府）城市、计划单列市数量由 10 个增加至 14 个。

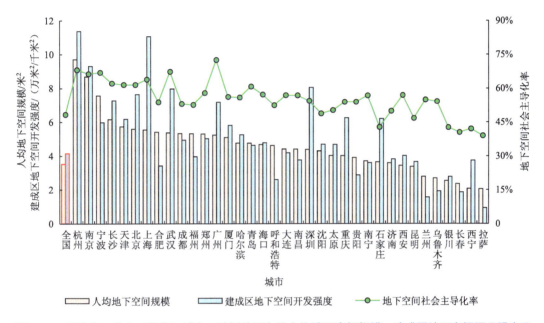

图 3.3.9　直辖市、省会（首府）城市、计划单列市的人均地下空间规模、建成区地下空间开发强度及地下空间社会主导化率指标

B. 建成区地下空间开发强度

2022 年全国建成区地下空间开发强度平均值为 4.14 万米²/千米²，36 个直辖市、省会（首府）城市、计划单列市中有 15 个城市低于平均值，分别是西安、福州、济南、南昌、西宁、昆明、南宁、合肥、贵阳、银川、呼和浩特、乌鲁木齐、长春、兰州和拉萨。建成区地下空间开发强度超过 7 万米²/千米² 的城市有 8 个，依次为杭州、上海、南京、深圳、武汉、北京、长沙和广州。

C. 地下空间社会主导化率

人防工程作为地下空间的刚性建设内容，是城市的安全底线。地下空间社会主导化率超过 50%表明城市地下空间开发逐步从市场需求出发，政策主导的人防功能从规模体量上不再占据地下空间开发的主导地位。

截至 2022 年底，36 个直辖市、省会（首府）城市、计划单列市中地下空间社会主导化率超过 50%的城市共有 28 个，有较大的增长，其地下空间开发与市场需求关联紧密，除人防功能以外的其他地下功能开发多样化、综合化与市场化趋势明显。

D. 停车地下化率

2022 年全国城市停车地下化率平均值为 15.72%，36 个直辖市、省会（首府）城市、计划单列市中低于平均值的城市有 10 个，分别是南宁、合肥、昆明、呼和浩特、兰州、贵阳、西宁、长春、银川和拉萨；停车地下化率超过 40%的城市分别是杭州、南京、上海、天津、广州、深圳、北京和武汉（图 3.3.10）。

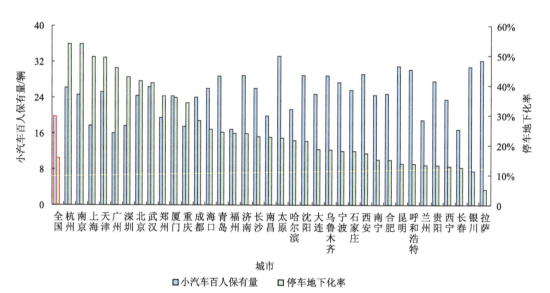

图 3.3.10　直辖市、省会（首府）城市、计划单列市的小汽车百人保有量与停车地下化率

整体来看，东部地区部分Ⅱ型大城市、中等城市停车压力相对较小；西部及东北地区部分大中城市小汽车百人保有量小，虽然停车地下化率不高，但城市停车压力相对也小。

2. 地（县）级市比较分析

选取 57 个地级市和 7 个县级市，共 64 个地（县）级市作为样本城市进行比较与分析。

1）城市经济、社会发展相关指标

分析 64 个地（县）级市的样本数据，可得人均 GDP、人口密度、产业密度指标较高的城市大部分分布在长三角城市群和珠三角城市群，与中国城市地下空间发展格局基本吻合。

64 个地（县）级市中，人均 GDP 高于全国平均水平的城市有 33 个；城镇化率高于全国平均水平的城市有 33 个，其中 20 个城市位于地下空间总体发展格局的"三心"，即京津冀城市群、长三角城市群、粤港澳大湾区地下空间发展中心，其城镇化率排名普遍靠前；人口密度高于全国平均水平的城市有 58 个，均高于 360 人/千米 ^{2}，排名前 5 位的城市包括东莞、沧州、无锡、珠海和安阳，前 5 位城市均属于地下空间总体发展格局的"三心"，市区人口密度较高。

产业密度与人均 GDP、人口密度、第三产业比重、城镇化率呈正相关趋势，64 个地（县）级市的样本城市中，产业密度排名靠前的城市包括昆山、江阴、无锡、东莞、张家港（图 3.3.11），其中有 4 个城市位于长三角城市群。

64 个地（县）级市中，第三产业比重超过 40% 的城市有 53 个，经济发展较好的江苏省及浙江省的样本城市第三产业比重相对平稳，基本都位于前 20 位。样本城市的城镇化率、第三产业比重如图 3.3.12 所示。

2）城市地下空间指标

A. 人均地下空间规模

2022 年全国城市人均地下空间规模平均值为 3.51 平方米，64 个地（县）级市的样本城市中高于全国平均水平的城市有 28 个（图 3.3.13），其中东部地区城市 19 个、中部地区城市 4 个、西部地区城市 1 个、东北地区城市 4 个。人均地下空间规模在 4.0 平方米以上的城市有 23 个，相比 2021 年的 15 个，2022 年的样本城市人均地下空间规模有较大增长；人均地下空间规模在 5.0 平方米以上的城市有 9 个，依次为苏州、无锡、昆山、滁州、嘉兴、温州、桐乡、马鞍山和江阴，均处于中国城市地下空间发展格局的"三心"上，其中江浙地区有 7 个，江浙地区经济发达，地下空间发展亦处于领先地位。

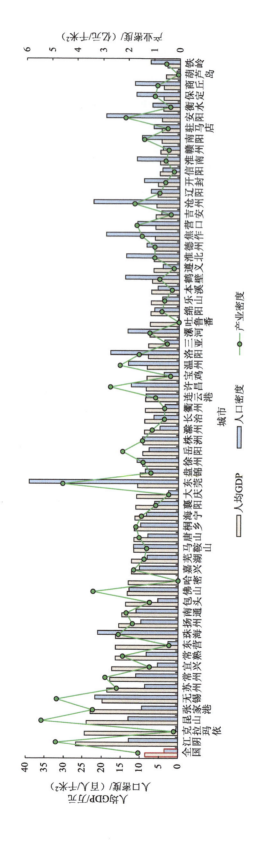

图 3.3.11　地（县）级样本城市中的人均 GDP、人口密度、产业密度比较

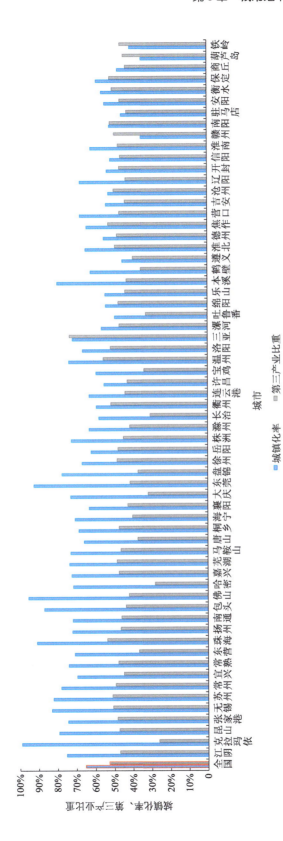

图 3.3.12　地（县）级样本城市中城镇化率、第三产业比重比较

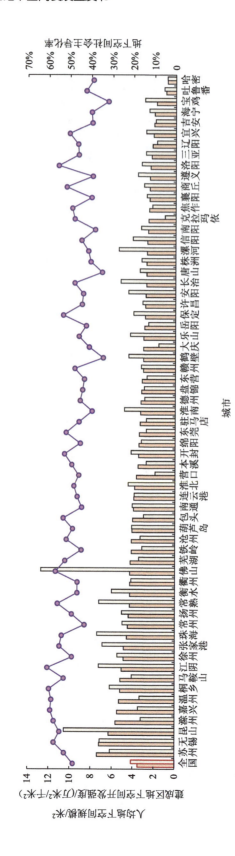

图 3.3.13　地（县）级样本城市人均地下空间规模、建成区地下空间开发强度及地下空间社会主导化率比较

B. 建成区地下空间开发强度

2022 年全国建成区地下空间开发强度平均值为 4.14 万米²/千米²，64 个地（县）级市的样本城市中高于全国平均水平的城市有 22 个，其中超过 7.0 万米²/千米² 的城市有 6 个，依次为佛山、昆山、珠海、江阴、常熟和无锡；建成区地下空间开发强度为 5.0 万~7.0 万米²/千米² 的城市共有 9 个，4.0 万~5.0 万米²/千米² 的城市有 11 个。

C. 地下空间社会主导化率

2022 年全国地下空间社会主导化率平均值为 48.35%，64 个地（县）级市的样本城市中高于全国平均水平的城市有 27 个，其中东部地区城市 17 个、中部地区城市 7 个、西部地区城市 1 个、东北地区 2 个（图 3.3.13）。东部地区城市经济发展快，市场相对开放，对地下空间需求较大，地下空间功能复合性较高。

D. 停车地下化率

2022 年全国停车地下化率平均值为 15.72%，直辖市、省会（首府）城市、计划单列市停车地下化平均水平普遍高于地（县）级市，在 64 个地（县）级市的样本城市中高于全国平均水平的城市有 23 个，其中东部地区城市 15 个、中部地区城市 6 个、东北地区城市 1 个、西部地区城市 1 个。

地（县）级样本城市的停车压力普遍低于直辖市、省会（首府）城市、计划单列市，64 个地（县）级市的样本城市中，停车压力较小的城市主要分布在中部地区淮南、马鞍山、芜湖、淮北等，西部地区的宝鸡，东北地区的本溪、辽阳、营口等。

64 个地（县）级样本城市的小汽车百人保有量与停车地下化率如图 3.3.14 所示。

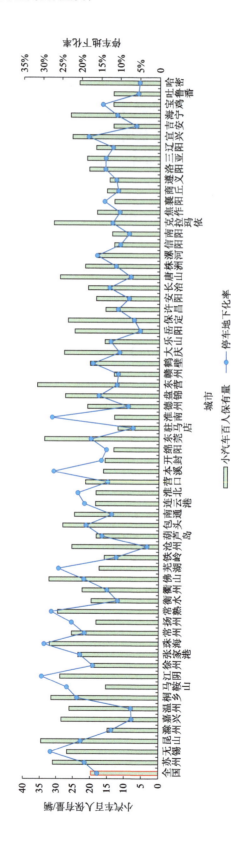

图 3.3.14 地（县）级样本城市小汽车百人保有量与停车地下化率比较

第4章

地下空间法治建设

4.1 概 述

2022 年颁布的有关城市地下空间政策法规文件共 90 部，包括法律法规、规章、规范性文件等。根据历年地下空间政策法规文件的颁布数量统计，2022 年仅次于 2017 年，如图 4.1.1 所示。

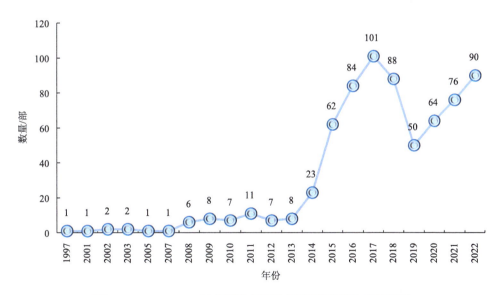

图 4.1.1 1997~2022 年中国城市地下空间政策法规文件统计图

2017 年颁布数量多，主要受城市地下综合管廊政策法规文件颁布影响，2022 年颁布数量增多的主要原因是城市地下空间使用管理和各类地下空间设施政策法规文件增多。近年来行政体制改革的纵深发展，推动城市地下空间开发利用管理不断优化和完善，2020~2022 年出台有关城市地下空间政策法规数量增长明显。

2022 年颁布了《沈阳市城市地下空间开发利用管理条例》和《成都市地下空间开发利用管理条例》，中国城市地下空间发展对顶层法律法规的需求逐渐显现，但自上而下的城市地下空间治理体系仍缺乏有力支撑，效力层级依然未得到有效提升，难以有效应对日益增长的地下空间开发需求所带来的各种问题。

4.2 特 征 解 析

4.2.1 适用层次

依据 2022 年颁布的城市地下空间政策法规文件的适用范围，适用于全国的共 6 部，适用于省、自治区、直辖市的共 21 部，适用于地、市、州的共 49 部，适用于区、县（县级市）的共 14 部，如图 4.2.1 所示。

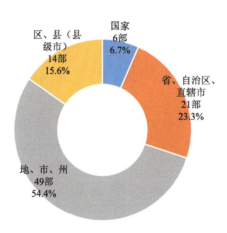

图 4.2.1 2022 年涉及城市地下空间政策法规文件的适用层次

适用于地、市、州层面城市地下空间政策法规文件的颁布数量依然最多，占总数量的 54.4%，但较 2021 年下降 10 个百分点；适用于全国的颁布数量最少，占 6.7%，较上年增加 3 个百分点，国家层次城市地下空间政策法规文件的出台数量略有提升。

4.2.2　空间分布

2022 年颁布的城市地下空间政策法规文件主要集中在东部和中部地区城市，其次分布在西部地区城市，东北地区出台有关地下空间政策法规文件最少，如图 4.2.2 所示。城市地下空间政策法规颁布城市的空间分布与城市经济发展水平、城镇化发展阶段、城市地下空间开发利用程度相关。

图 4.2.2　2022 年涉及城市地下空间政策法规文件的城市分布

4.3　类型与发布主体

2022 年，未出台直接针对城市地下空间的全国性法律法规及部门规章；出台地方性法规 8 部，地方政府规章 11 部；出台各类规范性文件共 71 部，占总数量的 78.9%，如图 4.3.1 所示。

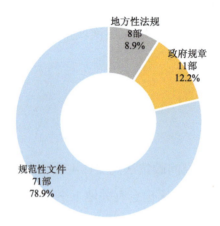

图 4.3.1　2022 年涉及城市地下空间的政策法规类型的分析

2022 年沈阳和成都颁布了地下空间开发利用管理条例，这两部分别是辽宁省、四川省的首部地下空间建设管理方面的地方性法规，都为该城市科学利用城市地下空间资源，优化城市规划布局和国土空间开发提供了法律保障，对实现空间转型升级和城市集约、绿色、可持续发展具有重要意义。

2022 年有关城市地下空间政策法规文件的颁布主体为国务院各部委、地方人大（常委会）、地方人民政府，其中地方人民政府共颁布 76 部，占全年颁布总数量的84.4%（图 4.3.2）。颁布主体占比与往年基本一致，国务院各部委颁布数量占比较 2021年增长了 3 个百分点。

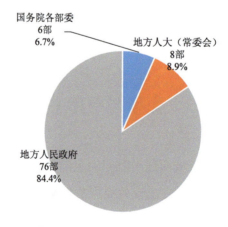

图 4.3.2　2022 年涉及城市地下空间政策法规颁布主体的分析

4.4　主　题　类　型

2022 年颁布的有关城市地下空间政策法规文件的主题类型可分为五类，包括地下空间开发利用管理类、地下空间使用管理类、地下空间资源权属类、地下空间设施类、地下空间相关类[①]，如图 4.4.1 所示。

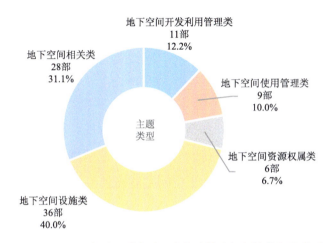

图 4.4.1　2022 年涉及城市地下空间政策法规文件的主题类型

2022 年地下空间相关类政策法规文件主要为机动车停车场建设管理法规、规章和规范性文件，文件中仅有部分内容涉及地下停车。

2022 年颁布数量最多的主题类型依然是地下空间设施类，占比达到 40.0%。城市地下空间开发利用管理类的政策法规文件颁布数量较 2021 年减少 6 部，占比降低了 10 个百分点。地下空间使用管理类政策法规文件数量有所增加，地下空间资源权属类政策法规文件颁布数量与 2021 年一致。地下空间设施类和地下空间相关类政策法规文件的颁布数量较 2021 年增长明显。

中国城市地下空间政策法规文件的主题类型逐步多样化，正得到各级政府自上而下的普遍重视，地下空间建设已成为城市建设和发展不可或缺的重要组成部分。但与国外相比，中国的城市地下空间法治建设和治理体系仍呈现分散、部分缺失的状态，制约了城市地下空间的合理利用和持续发展。

---

① 地下空间相关类政策法规文件的管理对象范围较广，文件中仅部分条目涉及地下空间。

第 5 章

地下空间行业与市场

本书以地下空间各行业对国民经济发展影响的程度、科技水平以及国家战略需求等为评判标准,聚焦轨道交通、综合管廊、地下空间规划服务等行业市场,总结地下空间发展状况和趋势,为未来地下空间发展提供参考。

5.1 轨道交通

5.1.1 城市轨道交通发展概况

1. 运营里程持续高位增长

根据中国城市轨道交通协会发布的《城市轨道交通 2022 年度统计和分析报告》,截至 2022 年底,中国境内共有 55 个城市开通城市轨道交通,运营线路总长度为 10 287.45 公里;41 个城市开通了地铁,运营线路总长度 8008.17 公里。截至 2022 年底中国城市轨道交通运营城市分布图如图 5.1.1 所示。

2022 年城市轨道交通新增运营线路长度为 1080.63 公里,同比增长 11.7%(图 5.1.2)。共 5 个城市首次开通城市轨道交通,其中,南通为地铁运营城市,金华、台州为市域快轨运营城市,南平、黄石为有轨电车运营城市。2022 年新增地铁运营线路长度为 798.49 公里。

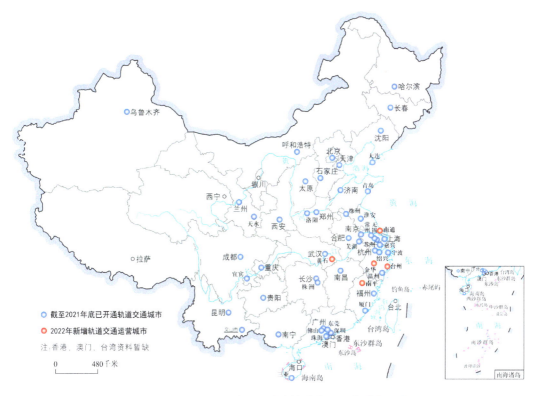

图 5.1.1　截至 2022 年底中国城市轨道交通运营城市分布图

图 5.1.2　2016~2022 年城市轨道交通新增运营线路长度以及增长率

资料来源：中国城市轨道交通协会（https://www.camet.org.cn/cgxh）

2. 东部地区仍是轨道交通建设的主力军

2022 年，新增轨道交通运营线路长度排名前十位的城市中，东部地区占据七席，新增运营线路长度占总新增运营线路长度 71.4%。排名前十位的城市中，杭州以 174.0 公里的新增里程位居榜首，深圳、重庆分别以 136.1 公里、93.4 公里的新增里程位列第二、三位，如图 5.1.3 所示。

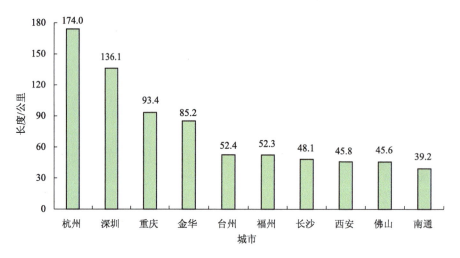

图 5.1.3　2022 年轨道交通新增运营长度 TOP10 城市
资料来源：中国城市轨道交通协会（https://www.camet.org.cn/cgxh）

从空间分布上看，东部地区城市轨道交通建设进程快于其他地区，是引领带动区域轨道交通高质量发展的重要引擎。

3. 长三角城市群轨道交通线网密集

城市群是支撑国家经济高质量发展的重要载体，各城市之间交通联系密切，资源要素流动频繁。城市轨道交通系统是构成城市群空间的骨架之一，能够影响城市群城镇布局、产业结构以及空间发展，是推动国内城市群走向世界级城市群的重要动力。

截至 2022 年底，在已开通运营轨道交通的城市中，长三角城市群共有 17 个城市，运营线路长度为 3160.90 公里，占运营线路总长度的 30.73%，运营城市和线网分布最为密集；京津冀城市群共有 3 个城市，运营线路长度为 1235.81 公里，占运营线路总长度的 12.01%；珠三角城市群共有 5 个城市，运营线路长度为 1350.75 公里，占运营线路总长度的 13.13%；成渝城市群共有 3 个城市，运营线路长度为 1148.03 公里，占运营线路总长度的 11.16%。其他 27 个城市运营线路长度共 3391.96 公里，占运营线路总长度的 32.97%（图 5.1.4），包括长江中游、中原、山东半岛、关中平原等城市群以及部分未纳入特定城市群的城市轨道交通运营城市。随着城市群、都市圈经济的快速发展，城市轨道交通在承担区域交通联系中发挥的作用越来越突出。

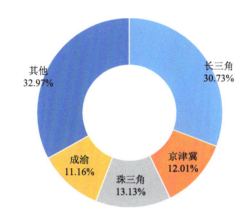

图 5.1.4　2022 年主要城市群运营线路长度占比
资料来源：中国城市轨道交通协会（https://www.camet.org.cn/cgxh）

4. 以地铁为主体，中低运量轨道交通市场需求增加

截至 2022 年底，城市轨道交通运营线路包括地铁、轻轨、跨座式单轨、市域快轨、有轨电车、磁浮交通、自导向轨道系统、电子导向胶轮系统和导轨式胶轮系统 9 种制式。其中，地铁运营线路长度占轨道交通运营线路总长度的 77.8%（图 5.1.5）；其他制式轨道交通占比 22.2%。与 2021 年同期相比，市域快轨、有轨电车、导轨式胶轮系统占比共提升 1 个百分点。

2018 年 6 月，国务院办公厅印发《关于进一步加强城市轨道交通规划建设管理的意见》（国办发〔2018〕52 号），要求城市轨道交通的建设应遵循"量力而行，有序推进""因地制宜，经济适用"的原则。此后，中低运量城市轨道交通系统由于其铺设灵活、经济适用、建设周期短、建设成本相对低等优势，日渐受到大中城市的重视和青睐。2018~2022 年，市域快轨发展逐渐加快，制式占比呈现波动上升趋势。市域快轨运营线路长度由 2018 年 656.5 公里增长到 2022 年 1223.46 公里，累计新增 566.96 公里，运营线路长度占轨道交通运营线路总长度的比例由 2018 年的 11.39%

提高到 2022 年的 11.89%（图 5.1.6），是除地铁以外唯一一种占比在 10% 以上的城市轨道交通制式。

图 5.1.5　2016~2022 年轨道交通运营线路长度变化及地铁里程占比
资料来源：中国城市轨道交通协会（https://www.camet.org.cn/cgxh）

图 5.1.6　2018~2022 年市域快轨运营线路长度及制式占比情况
资料来源：中国城市轨道交通协会（https://www.camet.org.cn/cgxh）

　　2022 年新增轨道交通运营线路包含地铁、市域快轨、有轨电车、导轨式胶轮系统 4 种制式，其中新增地铁运营线路长度占新增轨道交通运营线路总长度的 73.89%，新增市域快轨运营线路长度占新增轨道交通运营线路总长度的 19.66%，如图 5.1.7 所示。

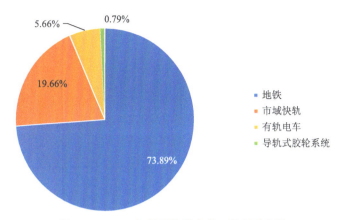

图 5.1.7　2022 年新增轨道交通运营制式占比

新开通的市域快轨，一方面联系超大城市、特大城市的城市核心区与市郊，发挥中心城市服务的纽带功能，如重庆市郊铁路江跳线、广州地铁 22 号线；另一方面作为大城市、中等城市公共交通的骨架，发挥长距离通勤作用，如金义东市域轨道交通金义段、金义东市域轨道交通义东线首通段。

从单个城市来看，运营两种及以上轨道交通制式的城市有 21 个，占已开通城市轨道交通运营城市的 38.18%。中低运量轨道交通已成为大城市的大运能轨道交通系统和道路公交系统的有力补充，能够有效解决大运能轨道交通系统覆盖不足的问题。其中，上海有 5 种制式在运营，北京、重庆、广州、大连 4 个城市有 4 种制式在运营；天津、深圳、南京、长春、成都、青岛 6 个城市各有 3 种制式在运营；武汉、沈阳、西安、苏州、郑州、佛山、长沙、兰州、宁波、嘉兴 10 个城市各有 2 种制式在运营。目前，上海、北京、广州、南京、重庆、成都等特大、超大城市已形成多层次、多制式轨道交通发展格局，正在向建设轨道上的都市圈稳步推进。

综上所述，我国城市轨道交通在未来较长一段时间内仍会保持以地铁为主导、多制式协同发展的格局。

5.1.2　城市轨道交通赋能城市高质量发展

1. 城市轨道交通发展推动城市绿色出行

1）城市轨道交通线网进一步完善

本书重点选取轨道交通站点 500 米范围内覆盖建成区比率（以下简称轨道站点

500 米覆盖率)、建成区轨道交通线网密度、换乘站点占比等作为衡量城市轨道交通线网建设的指标。

A. 轨道站点 500 米覆盖率

截至 2022 年底,城市轨道站点 500 米覆盖率均值为 15.7%,同比增加 1.1 个百分点。其中,佛山以轨道站点 500 米覆盖率 35.9%居第一位,上海、苏州分别以轨道站点 500 米覆盖率 30.7%、27.9%居第二、三位,如图 5.1.8 所示。

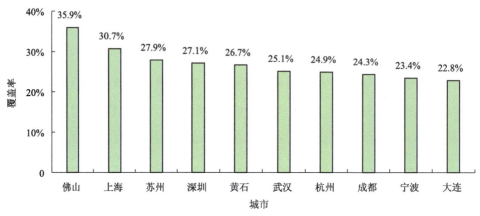

图 5.1.8　2022 年中国轨道站点 500 米覆盖率 TOP10 城市

B. 建成区轨道交通线网密度

截至 2022 年底,城市建成区轨道交通线网密度均值为 0.33 千米/千米^2,同比增加 0.037 千米/千米^2。其中,金华、上海以建成区轨道交通线网密度 0.75 千米/千米^2 并列第一位,佛山以建成区轨道交通线网密度 0.70 千米/千米^2 居第三位,如图 5.1.9 所示。

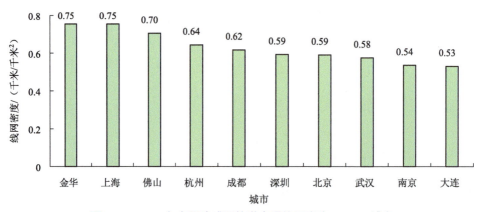

图 5.1.9　2022 年中国建成区轨道交通线网密度 TOP10 城市

C. 换乘站点占比

截至 2022 年底，轨道交通换乘站点占比均值为 11.15%，同比增加 0.65 个百分点。其中，深圳以换乘站点占比 20.0%居第一位，北京、上海分别以换乘站点占比 18.2%、17.5%居第二、三位，如图 5.1.10 所示。

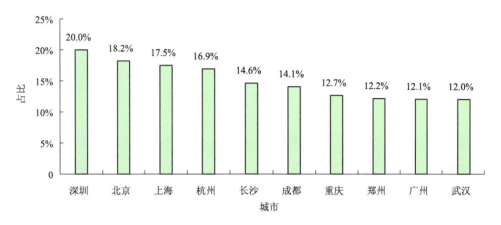

图 5.1.10　2022 年中国轨道交通换乘站点占比 TOP10 城市

综合来看，2022 年中国城市轨道交通线网建设日趋成熟，轨道交通服务水平进一步提升。

2）轨道交通公交主体地位进一步凸显

随着服务水平不断提升，城市轨道交通在公共交通领域中的作用越发明显，成为引导城市绿色出行的重要支撑。

2022 年轨道交通公交分担率（即城轨交通客运量占公共交通客运总量的比率）为 45.82%，比上年提升 2.45 个百分点。其中，上海以轨道交通公交分担率 70.3%位居第一，深圳、广州、杭州、成都、南京、南宁、北京、南昌、武汉九大城市轨道交通公交分担率均在 50%以上，如图 5.1.11 所示。

2. 地下轨道站微空间促进城市精明增长

本书提出的地下轨道站微空间，指轨道交通站点辐射半径范围内（500 米）地下空间总和，且能与站点直接或间接连通。其中，地下轨道站连通率（以下简称连通率）是衡量地下轨道站微空间开发综合化的重要指标之一。

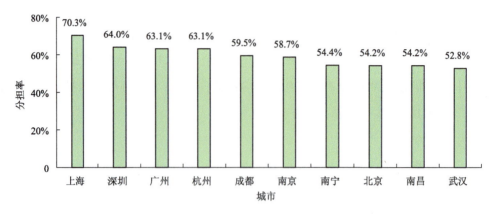

图 5.1.11　2022 年中国轨道交通公交分担率 TOP10 城市

连通率是指地下轨道站址边界线外扩 500 米范围内，与站点直接或者间接连通的地块数量占范围内地块总数量（超过 1/2 用地面积位于地下轨道站址边界线外扩 500 米范围内的地块计算在内）的比例。

1）杭州市地下轨道站微空间开发后劲十足

2022 年新增 25 处地下轨道站微空间，主要分布在杭州、深圳、重庆等城市，其中杭州以新增 9 处地下轨道站微空间居首，如图 5.1.12 所示。

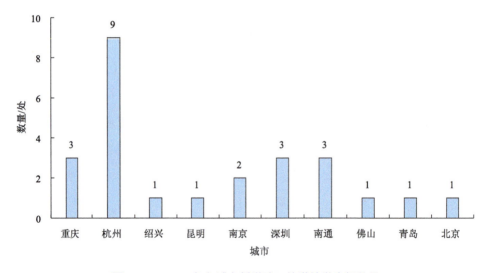

图 5.1.12　2022 年各城市新增地下轨道站微空间数量

通过对新增的 25 处地下轨道站微空间连通情况进行分析，2022 年平均连通率为15.32%，同比增长 3.8 个百分点。

自杭州出台《杭州市地下空间开发利用管理实施办法》（杭政办函〔2020〕17号）以来，地下轨道站微空间项目多点开花。2022 年，杭州以 21.25%的平均连通率在开发 3 个及以上地下轨道站微空间城市中位居第一。

2）特大、超大城市地下轨道站微空间开发应兼顾郊区挖潜和核心提升

当前，各大城市尤其是北京、上海、广州、深圳等超大城市进入存量用地提质增效的集约化发展阶段，2022 年，除深圳外，北京、上海、广州均未新增地下轨道站微空间，主要原因是城市轨道交通线网相对成熟，向郊区延伸的轨道交通线路对地下轨道站微空间的驱动不足。

存量时代背景下，地下轨道站微空间对促进城市转型和结构优化，以及提升站点周边用地开发效益、增强区域活力作用显著。

城市存量更新区域地下轨道站微空间开发的重点如下。

（1）对站点及影响区域的主要使用人群进行特征研究，分析不同群体需求，重点以"人的需求"为驱动，采用上下统筹、高效复合、舒适宜人的多维度综合化开发模式，构建多元化城市服务体系。

（2）结合本地文脉特征，打造识别度高的新标志性景观。同时，以站点空间为核心，重构开放空间体系，提升开放空间的品质。

（3）优化城市慢行系统，打通交通拥堵和联系不畅的区域，实现交通微循环，提供更便捷、更舒适、更智慧、更生态的区域交通联络系统。

3）地方配套政策仍需进一步完善

2022 年，国家层面出台了多个重大政策支持地下轨道站微空间发展。

6 月，国家发展改革委印发《"十四五"新型城镇化实施方案》，提出"推广以公共交通为导向的开发（TOD）模式，打造站城融合综合体，鼓励轨道交通地上地下空间综合开发利用"。

7 月，住房城乡建设部、国家发展改革委印发《"十四五"全国城市基础设施建设规划》，提出"分类推进城市轨道交通建设""加强轨道交通与城市功能协同布局建设""提升轨道交通换乘衔接效率"。

12 月，国家发展改革委发布《"十四五"扩大内需战略实施方案》，提出"提高超大城市中心城区轨道交通密度"。

结合地下轨道站微空间开发来看，连通仍是制约地下轨道站微空间开发的瓶颈

之一，地方应加快完善相关配套政策，明确连通投资、建设、运营管理主体，从而推动城市轨道交通高质量发展。

5.2　综合管廊

5.2.1　东部、中部地区领衔建设

根据住房城乡建设部发布的《城市建设统计年鉴》，以及各级自然资源、发展改革、住房城乡建设部门官网中综合管廊的公开数据整合，截至 2022 年底，中国综合管廊的已建长度达到 7588.10 公里（图 5.2.1），其中，山东、四川、广东已建长度位居前三，已建长度均超过 600 公里（图 5.2.2）。2022 年新增竣工综合管廊长度为 801.24 公里（图 5.2.1），其中，浙江、山东、陕西当年综合管廊新增竣工长度位居前三，新增竣工长度均超过 90 公里（图 5.2.3）。

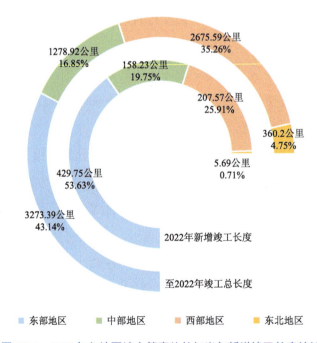

图 5.2.1　2022 年各地区综合管廊总长与当年新增竣工长度统计

资料来源：根据住房城乡建设部《城市建设统计年鉴》，以及各级自然资源、发展改革、住房城乡建设部门官网中综合管廊的公开数据整合

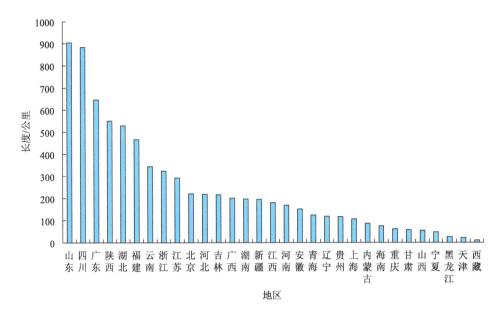

图 5.2.2　截至 2022 年各省区市综合管廊总长度统计

资料来源：根据住房城乡建设部《城市建设统计年鉴》，以及各级自然资源、发展改革、住房城乡建设部门官网中
综合管廊的公开数据整合

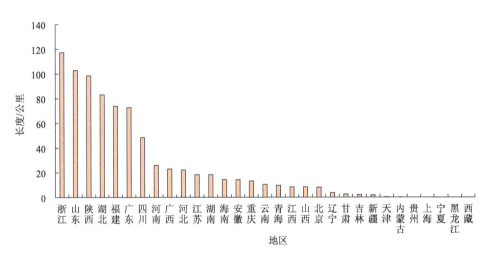

图 5.2.3　2022 年各省区市综合管廊新增竣工长度统计

资料来源：根据住房城乡建设部《城市建设统计年鉴》，以及各级自然资源、发展改革、住房城乡建设部门官网中
综合管廊的公开数据整合

5.2.2　地方立法和政策法规先行，已形成了可复制、可推广的模式

在综合管廊方面，福建省立法和政策法规先行。截至 2022 年，福建省已建成或

投用城市地下干、支线管廊长度超 400 公里。以厦门为例,综合管廊的"厦门模式"在全国发挥了较好的示范带动作用。其中,厦门作为全国综合管廊首批试点城市,形成了一批可复制、可推广的经验和模式。厦门市先后出台了以《厦门经济特区城市地下综合管廊管理办法》为基础的 1 项立法、3 种规范、8 部办法等 20 多项配套政策,通过立法强制管线入廊,建立有偿使用机制,管线入廊率超过 50%;出台《厦门市地下综合管廊专项规划》《厦门市缆线管廊近期建设规划》等,形成了"干线+支线+缆线"的多层级综合管廊体系;统一了管廊舱室标准,在国内率先推行预制拼装工艺;出台了《厦门市地下综合管廊用地审批及产权登记管理办法》,办理了全国第一本地下管廊产权证。厦门在地下管廊建设方面率先探索,并跨地区输出厦门经验,已为济南、长沙、深圳、雄安等提供服务,引领带动全国综合管廊行业的高质量发展。

5.2.3 投融资模式仍以专项债券和 PPP[①]为主

根据国家发展改革委的公开数据统计,2022 年共批复 2 支关于综合管廊建设的企业债券,获批企业分别是厦门市政集团有限公司和寿光市滨海远景城镇建设开发有限公司。其中,寿光市滨海远景城镇建设开发有限公司获批的是综合管廊建设专项债券,债券不超过 7.6 亿元,所筹资金 5.7 亿元用于寿光市羊口老城区地下综合管廊工程项目,1.9 亿元用于补充营运资金。

2022 年城市综合管廊发展趋势仍以 PPP 模式为主。其中,太原市晋源东区综合管廊工程(PPP 项目)是国内首批采用 PPP 模式完成建设并投入运营的项目,荣获2022 年度市政工程最高质量水平评价。目前已投运的综合管廊一期工程位于晋源区东部,形成了"两横三纵"路网管线布局,结构分为电力舱、燃气舱、综合舱、污水舱、雨水舱,是国内当年入廊管线最多、工程体量最大的综合管廊工程,总投资超过 21 亿元。

---

① PPP(public-private partnership),又称 PPP 模式,即政府和社会资本合作,是公共基础设施中的一种项目运作模式。

5.2.4　城市综合管廊规划服务市场逐步回暖

根据中国政府采购网及各省政府采购网上的招投标项目的统计数据，2022 年综合管廊规划服务市场总规模 1424 万元（以公开招标信息中的中标金额计算，部分项目未公开中标金额，以招标限价统计），较上年同比增长 2%。

1. 2022 年综合管廊规划服务市场

2022 年综合管廊规划服务市场规模按季度呈线性增长趋势，第一季度仅 1 个项目，位于宁波，市场规模为 94 万元；第二季度 2 个项目，分别在唐山和赣州，市场规模较第一季度几乎翻一番；第三季度 3 个项目，分别位于西安、昆明和沈阳，市场规模为 257 万元；第四季度 7 个项目，市场主要分布在东部沿海和西南地区，市场规模为 889 万元，如图 5.2.4 所示。

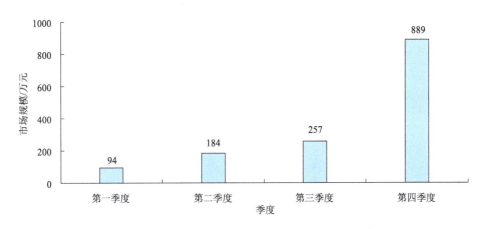

图 5.2.4　2022 年分季度综合管廊规划服务市场规模

2022 年综合管廊规划服务市场以单个项目编制经费统计，编制经费在 50 万（含）～200 万元的项目较多，占市场总规模的 58%；其次是 200 万（含）～500 万元的项目，占市场总规模的 33%，如图 5.2.5 所示。

2. 市场由东部进一步向西部地区扩张

2022 年，东部地区引领全年城市综合管廊规划编制，市场份额最高，约 1029 万元，占市场总规模约 72%；其次是东北地区，市场规模达到 170 万元，占综合管廊市场规模的 12%；西部地区市场规模约 135 万元，且西南地区较为集中，如图 5.2.6 所示。

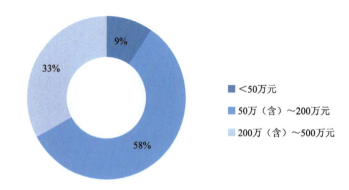

图 5.2.5　2022 年综合管廊规划项目单个项目编制经费区间分析图

资料来源：根据中国政府采购网及各级政府公共资源交易中心官网中"综合管廊"的招标信息与中标公告整理绘制

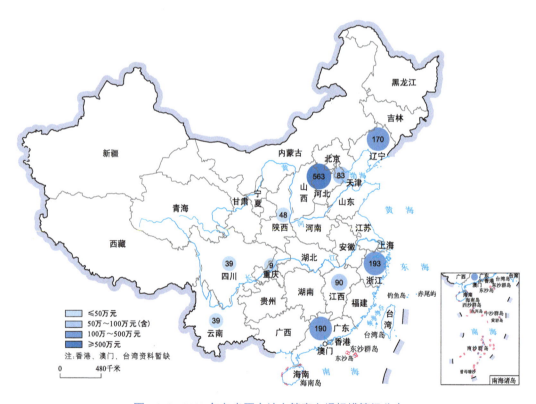

图 5.2.6　2022 年各省区市综合管廊市场规模等级分布

资料来源：根据中国政府采购网及各级政府公共资源交易中心官网中"综合管廊"的招标信息与中标公告整理绘制

以综合管廊规划服务市场所在的城市为统计对象，2022 年综合管廊规划服务市场分布在 13 个城市，从分布规律判断市场继续以东部城市为主，进一步向西南部扩张。其中石家庄市场的规模最高，达 469 万元；其次是广州市，市场规模为 190 万元，如图 5.2.7 所示。

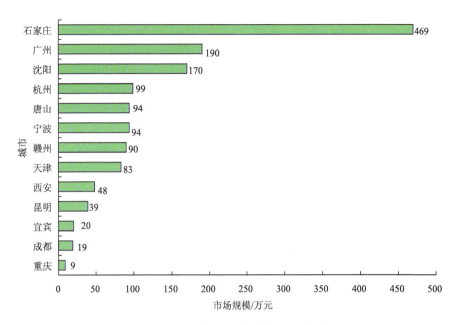

图 5.2.7 2022 年各城市综合管廊需求市场规模分析图

资料来源：根据中国政府采购网及各级政府公共资源交易中心官网中"综合管廊"的招标信息与中标公告整理绘制

3. 住房城乡建设部门领衔综合管廊规划

2022 年综合管廊规划组织编制机构，以住房城乡建设部门为主，其需求市场占市场总规模的 44%，其次为有限公司，占市场总规模的 26%，如图 5.2.8 所示。

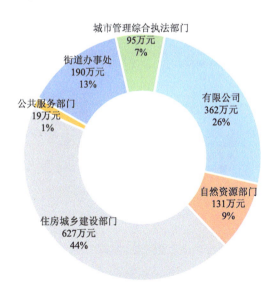

图 5.2.8 2022 年综合管廊规划采购方市场分析图

资料来源：根据中国政府采购网及各级政府公共资源交易中心官网中"综合管廊"的招标信息与中标公告整理绘制

5.3   地下空间规划服务市场

地下空间规划服务市场项目类型涵盖地下空间（人防）专项、详细规划、专题研究、发展规划等。本节数据来源为中国政府采购网及各级政府公共资源交易中心官网。

2022 年是实施"十四五"规划的关键之年，在国家宏观经济政策调整、国防动员体制改革、疫情防控等共同影响下，地下空间规划服务市场需求同比略有下降。全年共 74 个城市发布了地下空间规划类公开招标项目，实际市场需求规模约 1.28 亿元，同比下降 12.33%。

5.3.1   东西部地区市场差距缩小，中部地区市场回暖

在 2022 年城市地下空间规划服务市场中，东部地区虽然同比下降 24%，但依然凭借雄厚的经济实力、城市发展阶段的需求等，占领 62.63% 的市场规模（图 5.3.1、图 5.3.2），西部地区同比下降 9%，东西差距略有缩小。中部地区市场需求同比增长 57%，地下空间规划服务市场逐步回暖。东北地区 2022 年未有公开的市场需求数据。

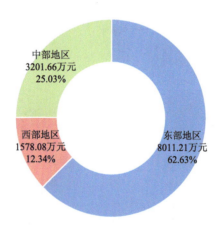

图 5.3.1   2022 年地下空间规划服务市场的地域分析图

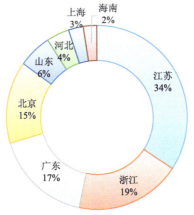

图 5.3.2　2022 年东部地区市场分析图

东部区域包括北京、天津、河北、上海、江苏、浙江、福建、山东、广东和海南。在中国政府采购网及各级政府公共资源交易中心官网中，未搜集到天津、福建的 2022 年地下空间规划服务市场的公开数据

以项目所在地统计，地下空间规划服务市场需求超过 500 万元的地区由高到低依次为江苏、浙江、广东、北京、安徽、湖北、四川、河南，以上 8 个省市的项目需求总规模约 0.99 亿元，约占全国地下空间规划服务市场需求规模的 77.51%；300 万（含）～500 万元的地区由高到低依次为山东、江西、贵州、河北，100 万（含）～300 万元的地区由高到低依次为陕西、山西、上海、海南、湖南、重庆，100 万元以下的地区由高到低依次为云南、内蒙古，如图 5.3.3 所示。

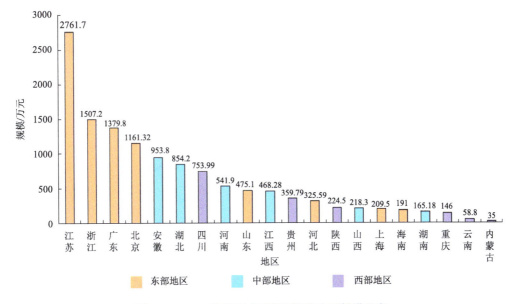

图 5.3.3　2022 年地下空间规划服务市场规模分布

2022 年地下空间规划服务市场涉及的城市共 74 个，其中市场规模超过 1000 万元的城市仅有北京，达 1161.32 万元，如图 5.3.4 所示。

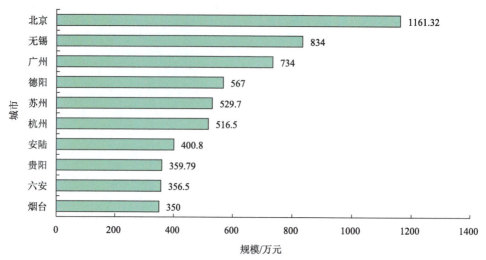

图 5.3.4　2022 年地下空间规划服务市场中各城市市场规模 TOP10
资料来源：根据中国政府采购网及各级政府公共资源交易中心官网中"地下空间规划""地下空间及人防工程规划"的招标信息与中标公告整理绘制

5.3.2　东部地区供应商优势突出

2022 年地下空间规划服务市场的供应商主要分布在 33 个城市，市场规模同比下降 13.16%。东部地区 2022 年市场规模占全年市场总规模的 75.23%，虽然同比有所降低，但由于东部地区供应商技术力量更雄厚、专业配置水平更高、综合实力更强，因此东部仍然是地下空间规划服务市场中供应商最集中的区域（图 5.3.5 和图 5.3.6）。

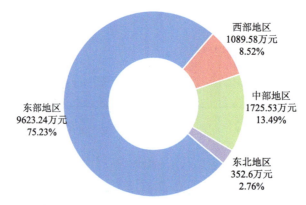

图 5.3.5　2022 年分区域地下空间规划服务市场供应商所占市场规模分析图

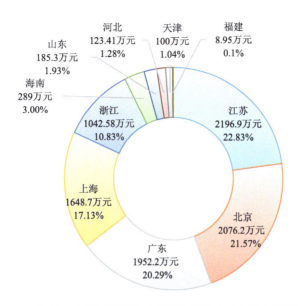

图 5.3.6　2022 年地下空间规划服务市场东部供应商所在地市场规模分析图

以项目供应商所在城市的市场规模统计，2022 年地下空间规划服务市场供应商所在城市的市场规模前 10 名依次为北京、南京、上海、深圳、杭州、广州、武汉、合肥、成都、贵阳，如图 5.3.7 所示。

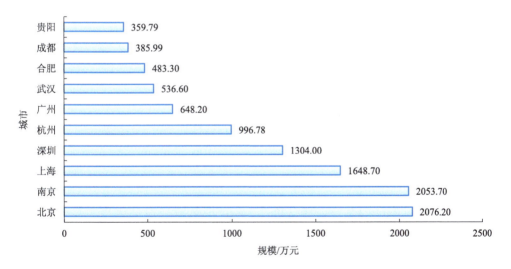

图 5.3.7　2022 年地下空间规划服务市场中供应商所在城市的市场规模 TOP10

5.3.3   地下空间规划服务市场以专项规划为主导

2022 年 74 个城市发布的地下空间规划服务市场项目类型中,专项规划市场规模占比为 71.04%,占据主导地位,详细规划市场规模占比为 20.89%,专题研究市场规模占比为 4.71%,其他类型市场规模占比为 3.36%,如图 5.3.8 所示。

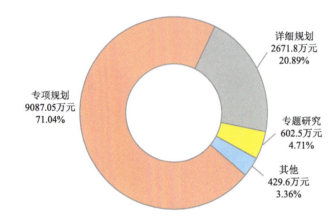

图 5.3.8   2022 年地下空间规划服务市场不同项目类型市场规模分析图

根据 2022 年统计数据,同时结合历年中国城市地下空间发展蓝皮书中对地下空间规划服务市场项目类型的分析,当下地下空间专项规划依然占据主导地位。待各地区专项规划编制完成后,亟须编制详细规划来落实专项规划内容,未来地下空间详细规划市场同样具有较大潜力。

5.3.4   自然资源部门有力推进地下空间规划编制

2022 年地下空间规划需求市场中,从项目数量上分析,住房城乡建设部门、人防部门、自然资源部门基本持平(图 5.3.9),但从项目市场规模上分析,自然资源部门已经领跑地下空间规划服务市场规模,占地下空间规划服务市场总规模的 44%,其次是住房城乡建设部门和人防部门,分别占市场总规模的 17% 和 13%(图 5.3.10)。

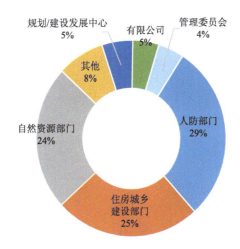

图 5.3.9　地下空间规划服务需求市场的委托机构类型占比（以项目数量统计）

资料来源：根据中国政府采购网及各级政府公共资源交易中心官网中"地下空间规划""地下空间及人防工程规划"的招标信息与中标公告整理绘制

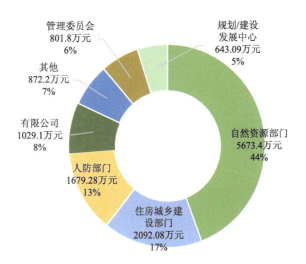

图 5.3.10　地下空间规划服务需求市场的委托机构类型占比（以市场规模统计）

资料来源：根据中国政府采购网及各级政府公共资源交易中心官网中"地下空间规划""地下空间及人防工程规划"的招标信息与中标公告整理绘制

5.3.5　地下空间规划服务市场民营企业独占半壁江山

以供应商的机构性质统计，在 2022 年众多参与地下空间规划服务市场竞争的机构中，民营企业独占半壁江山，占市场总规模的 52%，引领整个地下空间规划服务市场，同比增长 20%；其次是国有企业，占市场总规模的 32%（图 5.3.11），同比下降 25%。

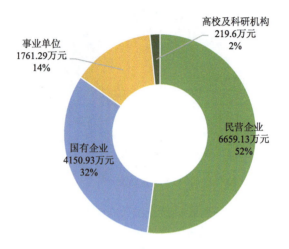

图 5.3.11 地下空间规划编制机构性质分析图（以市场规模统计）

资料来源：根据中国政府采购网及各级政府公共资源交易中心官网中"地下空间规划""地下空间及人防工程规划"
的招标信息与中标公告整理绘制

第6章

地下空间技术与装备

装备制造业是国之重器，我国地下工程技术与工程机械行业作为装备制造业的重要板块取得了重要成就，国际地位大幅提升、产业结构优化调整、自主创新成绩斐然，可持续发展能力显著增强。

6.1　工　程　技　术

2022 年 10 月 20 日，中国机械工业联合会、中国机械工程学会印发了《关于表彰 2022 年度"机械工业科学技术奖"奖励项目的通报》。中国机械工业科学技术奖是由中国机械工业联合会和中国机械工程学会共同设立并经科学技术部批准，在国家科技奖励主管部门登记的面向全国机械行业的综合性科技奖项。

本节以中国机械工业科学技术奖为案例，梳理 2022 年地下工程领域获奖的技术或方法。

6.1.1　长距离大埋深隧道小直径盾构机设计制造关键技术及应用（科技进步奖二等奖）

具有自主知识产权的长距离大埋深隧道小直径盾构机的成功研制，意味着我国在关键部件的高可靠性设计方法、小曲率转弯的球形铰接控制与可变象限推进技术、长距离狭窄空间下多系统高效协同施工技术等方面取得了重大突破与创新。

该应用延展了盾构机规格类型，拓宽了盾构机的应用领域，实现了地下工程向大埋深、长距离、小曲率跃变，解决了盾构机在长距离、大埋深、小转弯隧道施工时存在的"掘进难、控制难、保障难"三大难题。

该技术成功孵化出 20 余台小直径盾构机，相关产品先后应用于深圳北环电力隧道等工程，并成功出口至卡塔尔、丹麦等国家。[①]

6.1.2 掘进机绿色再制造关键工艺技术研究及应用（科技进步奖二等奖）

随着我国城市轨道交通建设的持续推进，掘进机行业快速发展，开展掘进机绿色再制造是顺应绿色、低碳、环保等发展国策的大势所趋，该技术和应用主要在以下四个方面实现了科技创新。

1. 精密构件激光熔覆再制造技术

结合掘进机主驱动密封环等核心部件在结构、材料、载荷等方面的特性，开发了高耐磨抗裂金属/陶瓷复合粉末，研制出全方位高稳定性同轴送粉装置，提出了高硬表面激光熔覆修复工艺，实现了掘进机大型精密环件的再制造。

2. 厚板大熔深焊接再制造技术

该项目提出了基于高强喷射 MAG（metal active gas arc welding，熔化极活性气体保护电弧焊）电弧厚板大熔深焊接工艺，通过保护气流体动力学分析，设计喷射MAG 电弧喷嘴、导电嘴及大熔深焊接坡口，实现了再制造关键部件厚板低填充、全熔透、稳定化焊接。

3. 超大结构件自动喷砂技术

结合掘进机超大结构件喷砂清理特点，设计了超大跨度高稳定性桁架、轨道积

---

① 长距离大埋深隧道小直径盾构机设计制造关键技术及应用[EB/OL]. http://www.ccmalh.com/article/content/2023/08/20230812556.shtml[2023-08-02].

砂自清理结构及机械/气力复合磨料回收装置，开发了自动喷砂模式切换及位姿控制系统，实现了掘进机再制造关键部件自动喷砂清理。

4. 液压油高效再循环利用技术

该项目基于水循环换热的无损加热装置，研制出基于温度、真空度、液位自动匹配控制的油液自动脱水系统，开发了集成自检测、自反馈功能的高效过滤模块，形成了掘进机污染液压油高效净化再循环成套设备，实现了掘进机污染液压油高效净化与回收应用。

该技术成功应用于广州地铁、乐山—西昌高速公路等示范工程，社会经济效益显著。[①]

6.1.3　隧道智能化凿岩机器人研制（科技进步奖三等奖）

凿岩台车是隧道钻爆法施工的掘进装备。针对钻爆法施工在"快速精确定位、综合智能管控、围岩精准预探"方面存在的技术瓶颈，该项目打破关键技术长期被国外垄断的被动局面，围绕全自动定位钻孔技术、信息交互及集群智能装备管控技术、基于数据交互的复杂环境智能判识技术三大核心技术，实现了智能凿岩台车设计制造关键技术突破及产业化应用，并依托该技术研制了具有自主知识产权智能凿岩机器人产品。

该技术和成果已成功应用于中兰客专、川南城际铁路、中铁十局池黄项目、宁波百地年地下洞库等多个项目。目前已建成智能化凿岩机器人生产线，具备年产100余台套产品能力，完成了智能凿岩机器人产业化。[②]

①　掘进机绿色再制造关键工艺技术研究及应用[EB/OL]. http://www.ccmalh.com/article/content/2023/08/20230812558. shtml[2023-08-02].

②　隧道智能化凿岩机器人研制[EB/OL]. http://www.ccmalh.com/article/content/2023/08/20230812569.shtml[2023-08-02].

6.2 装备制造

6.2.1 通用装备

挖掘机作为传统的通用装备机械，在地下工程建设中应用广泛。

1. 市场概况

1）产销总规模下降

受国内外疫情反复和经济下行的影响，近年来持续正增长的工程机械行业开始进入下行周期，挖掘机需求量下降，整体产量随之降低。2022 年我国挖掘机产量约 30.70 万台，较 2021 年同比下降 21.7%。

由于国际贸易形势严峻、原材料价格上涨等因素，挖掘机销量有所下降，2022 年我国挖掘机销量约 26.13 万台，同比下降 23.77%。

2）国外市场销量上升

随着我国工程机械海外市场的开拓，各企业海外市场份额不断提升，挖掘机出口销量稳增，2022 年我国挖掘机出口数量约 10.95 万台，同比增长 59.8%。

3）国内市场销量下滑

挖掘机行业国内市场受行业周期性及房地产市场低迷的影响，销量下滑。2022 年我国挖掘机国内销量约 15.19 万台，同比下降 44.6%。[①]

4）行业集中度高

三一重工股份有限公司（以下简称三一重工）、徐工集团工程机械股份有限公司（以下简称徐工机械）、广西柳工机械股份有限公司（以下简称柳工机械）、临工重机股份有限公司（以下简称临工重机）、中联重科股份有限公司（以下简称中联重科）五家头部企业的市场占有率达到了 60% 以上。

---

① 魏子夜. 2022 年中国挖掘机行业全景速览：行业集中度高，发展前景广阔[EB/OL]. https://www.chyxx.com/industry/1155912.html[2022-12-28].

相较《工程机械行业"十四五"发展规划》提出的挖掘机械行业发展目标CR4[①] ≥60%，即前四头部企业的市场份额大于或等于 60%，我国挖掘机械行业头部企业的市场占有率仍有上升空间。

2. 代表性装备

1）首台 300 吨级电驱正铲超大挖 SY2600E 下线

1 月 27 日，三一重工首台 300 吨级电驱正铲超大挖 SY2600E 正式下线。

SY2600E 长 15 米，高 8 米，拥有 8 泵 3 阀全电控系统，挖斗容量 15 立方米，一铲可挖约 20 吨重的土石方，主要为大型土石方工程提供土方剥离、矿石采装，是"电驱+正铲"技术领域的全新突破，具有低能耗、大装载、高可靠、舒适性等特点。在节能方面，产品采用先进的全电控闭芯液压系统，动态响应性更快、压力损失更小，并通过采用大功率电机，使整机寿命更长，性能更可靠。

SY2600E 作为目前最大吨位的履带式挖掘机产品，标志着三一重工在超大挖领域的研发、制造迈上了新的台阶。[②]

2）首台 200 吨级全电控反铲超大挖 SY2000H 下线

3 月 11 日，三一重工首台 200 吨级全电控反铲超大挖 SY2000H 正式下线。

SY2000H 由中欧专家团队联合开发，铲斗容量 12 立方米，采用行业领先的 RCS35 液压系统和全电控开式液压系统，在电控液压技术和整机性能方面都实现了质的飞跃，是"全电控+反铲"技术领域的全新突破，具有低能耗、高可靠、舒适安全等特点。

SY2600E、SY2000H 超大挖的相继下线，不仅刷新了三一重工在超大挖产品领域的研发创新实力，更表明我国已经完全掌握了全电控超大挖关键技术，具备全面进军全球超大型设备领域的雄心与能力。[③]

---

① CR 为集中度（concentration ratio），CR4 指四个最大的企业占该相关市场份额。

② 300 吨级！超大挖掘机！[EB/OL]. https://www.sanygroup.com/news/10025.html[2022-01-28].

③ 三一首台 200 吨级全电控反铲超大挖下线！[EB/OL]. https://m.sanygroup.com/activity/10326.html[2022-03-11].

6.2.2 专用装备

1. 市场概况

1）全断面隧道掘进机品牌效应突出，订单向头部企业集中

随着我国城市基础设施建设与改造工作稳步推进，全断面隧道掘进机得到了广泛应用。据中国工程机械工业协会掘进机械分会的统计，2022 年，中国全断面隧道掘进机生产数量为 700 台，总销售额约 243 亿元。我国已经成为全断面隧道掘进机最大的制造国和最大的市场。

CR2[中国铁建重工集团股份有限公司（以下简称铁建重工）、中铁工程装备集团有限公司（以下简称中铁装备）总计所占市场份额]超七成，各生产企业生产数量和销售额统计如图 6.2.1 所示。

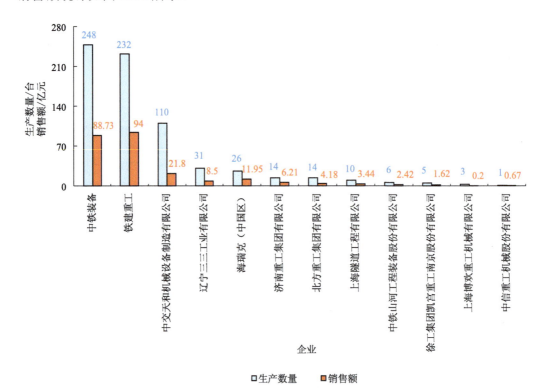

图 6.2.1   2022 年中国全断面隧道掘进机生产企业生产数量及销售额统计

资料来源：朱中意,宋振华. 中国全断面隧道掘进机制造行业 2022 年度数据统计[J]. 隧道建设(中英文),2023,43(8): 1438-1439

2）直径 6~8 米的盾构机为主要生产对象

伴随着经济技术水平和隧道施工需求的不断提升，全断面隧道掘进机的生产总量稳中有升。2022 年全断面隧道掘进机主要生产企业各类型机械生产数量与 2021 年相比变化较小。

选取全断面隧道掘进机生产数量最多的四家企业：中铁装备、铁建重工、中交天和机械设备制造有限公司（以下简称中交天和）、辽宁三三工业有限公司（以下简称三三工业），可以看出，以直径 6~8 米的盾构机为主要生产对象，如图 6.2.2 所示。

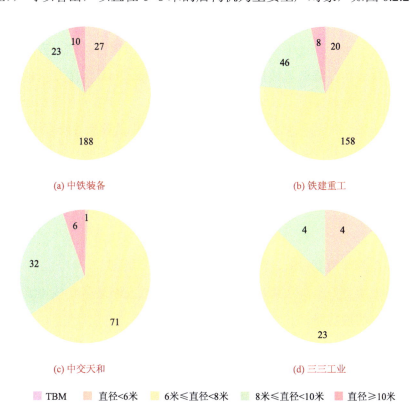

图 6.2.2 **2022 年中国全断面隧道掘进机主要生产企业生产数量分类统计（单位：台/套）**
资料来源：朱中意,宋振华. 中国全断面隧道掘进机制造行业 2022 年度数据统计[J]. 隧道建设(中英文),2023,43(8): 1438-1439
TBM 为隧道掘进机（tunnel boring machine）

2. 代表性装备

1）DJZ800-ND 大口径救援钻机——国内首台超大口径水平救援钻机

9 月 4 日，由中铁十一局集团第五工程有限公司和铁建重工共同研制开发的

DJZ800-ND 大口径救援钻机下线。该装备与传统救援装备相比优势如下。

（1）具有套管及螺旋轴双驱动装置。当套管发生"卡钻"现象时，螺旋轴驱动装置上的连接器可与套管动力头相连，加大扭矩反转，实现设备脱困。

（2）逃生救援管道选用国内最大的 800 毫米超大口径套管，符合人机工程学设计理念。

（3）设备在隧道内工作时，配置四条有球铰接撑板的侧边撑靴，依靠锚钉固定在岩壁上，增强整机稳定性，保证救援过程的安全、高效。

作为国内首台超大口径水平救援钻机，其成功下线标志着我国在隧道救援设备领域迈出的坚实一步。在地下空间各类安全生产事故或突发自然灾害抢险过程中，可提高事故救援效率，降低事故损失和避免次生灾害，为最大限度抢救人员生命和减少财产损失发挥重要作用。[①]

2）"龙鹤一号"——全球首台套大坡度小转弯双模式硬岩 TBM

9 月 6 日，三三工业设计制造的全球首台套大坡度小转弯双模式硬岩 TBM "龙鹤一号"下线。"龙鹤一号"是敞开式硬岩和盾构双模式 TBM，直径 5.83 米，集掘进、拼装管片、锚网支护、出渣、除尘、通风、激光导向、超前探测、防爆于一体，并具备以下优势。

（1）能够在俯仰角度±20°、转弯半径 50 米状态下掘进。

（2）具备地质良好条件实施敞开掘进模式、松散及断裂带实施拼装管片掘进模式的双模式自由切换功能。

（3）可实现煤矿巷道全断面一次破岩成巷、掘锚同步作业和巷道硬岩快速掘进，最大月进尺可达 500 米。

该设备的上下大坡度、小转弯半径及双模式掘进功能等关键技术填补了国内外空白，引发了煤矿巷道施工产生重大技术变革。[②]

3）"新穿越号"——全预制超大直径泥水盾构机国内最快掘进纪录

由铁建重工和中铁十四局联合打造的国产超大直径泥水平衡盾构机"新穿越

① 吴凯,代正才,吴忌. 国内首台 800 毫米大口径救援钻机成功下线[EB/OL]. http://www.cr11g.com.cn/art/2022/9/7/art_1941_4036681.html[2022-09-07].

② 全球首台套大坡度小转弯双模式硬岩 TBM "龙鹤一号" 顺利下线[EB/OL]. https://www.cehome.com/news/20220907/281776.shtml[2022-09-07].

号"，创造了全预制超大直径泥水盾构机国内最快纪录，并被运用于上海机场联络线 2 标工程，该工程是目前国内首条小间距、长距离并行高铁的大直径盾构隧道。

"新穿越号"单月推进 288 环，进尺达到 576 米，平均日进尺 19.2 米，顺利完成了 1139 环管片拼装。大流量泥水冲刷环流系统、高精度气液压力平衡控制系统、径向浓泥浆注入补偿系统等，提高了盾构机的地质适应性，确保了设备安全、快速、高效掘进。铁建重工自主研发的箱涵精调装置，实现了箱涵高精度拼装与定位调整，提高了全预制隧道的施工效率。①

4）"梦想号"——全球最大竖井掘进机

11 月 29 日，由铁建重工和中铁十五局共同打造的全球最大竖井掘进机"梦想号"下线。"梦想号"高约 10 米，直径 23.02 米，集开挖、出渣、支护、导向等功能于一体，适用于软土和软岩地层的超大直径竖井工程建设。该设备采用全密封、高承压设计，最大开挖深度可达 80 米，同时具备可变径开挖能力。

相比于传统人工开挖的沉井施工方法，"梦想号"采用机械化沉井作业，可实现井下无人、地面少人，达到建井人"打井不下井"的目标，节约施工成本，有效提升施工作业安全性。

作为迄今全球直径最大的竖井掘进机，"梦想号"填补了掘进机产品型谱的世界空白，标志着我国地下工程装备的科技攻关再次迈上了新台阶。②

5）SCADA 系统——我国首套基于国产芯片和操作系统开发的掘进设备系统

我国首套基于中国电子信息产业集团有限公司旗下飞腾芯片、麒麟操作系统开发的掘进设备 SCADA 系统在深圳地铁 13 号线正式投运。

铁建重工联合中国电子信息产业集团有限公司旗下飞腾信息技术有限公司、麒麟软件研发团队攻克了软硬件适配，以及操作系统中的根文件系统分层掉电保护和自定义安全通信机制等核心技术，该系统作为掘进设备与操作者交互的唯一窗口，负责数据采集、传输、存储、显示以及逻辑交互、指令下发等功能。

---

① 月进尺 576 米！铁建重工"新穿越号"创造全预制超大直径泥水盾构国内最快掘进纪录[EB/OL]. http://www.cncma.org/article/15192[2022-10-20].

② 填补世界空白！全球最大竖井掘进机在铁建重工下线[EB/OL]. https://news.lmjx.net/2022/202211/20221129155 55263.shtml[2022-11-29].

作为国内掘进机领域首套基于国产飞腾芯片、麒麟操作系统研发并投产应用的 SCADA 系统，其成功下线运行，标志着我国掘进设备制造行业又掌握了一项关键核心技术，填补了国内空白。[①]

---

① 黄玲. 国内首套基于飞腾芯片、麒麟操作系统开发的掘进设备 SCADA 系统下线运行[EB/OL]. https://www.thepaper.cn/newsDetail_forward_21328484[2022-12-27].

第 7 章

地下空间科研与交流

7.1 科研基金项目

2022 年国家自然科学基金委员会批准资助地下空间类基金项目（以下简称科研项目）35 个，同比减少 20.5%，科研经费 1952 万元，基本与 2021 年获批的科研经费 1948 万元持平。与 2021 年相比，2022 年科研项目的单项科研经费普遍有所提高，最高单项科研经费金额 289 万元。

7.1.1 信息探测技术方向的单项平均科研经费最高

工程与材料科学部的科研项目 18 个，共计 976 万元；地球科学部的科研项目 11 个，共计 450 万元；信息科学部的科研项目 5 个，共计 481 万元；管理科学部的科研项目 1 个，共计 45 万元。各学科科研项目数量占比如图 7.1.1 所示。

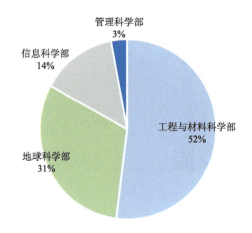

图 7.1.1   2022 年科研项目所属学科数量占比
资料来源：国家自然科学基金大数据知识管理服务门户网站（https://kd.nsfc.gov.cn）

与 2021 年相比，信息科学部所属的科研项目经费提高了 167%，研究方向集中为地下空间信息化探测技术；地球科学部所属的科研项目数量提高了 22%。

7.1.2   亟待建立科研项目"链"化合作路径

在 2022 年获批的 35 个科研项目中，以高等院校为依托的项目共 34 个，持续了 2021 年科研项目集聚于高等院校的发展态势。亟须研究相关鼓励政策，提高科研院所与企业合作申报科研项目的积极性，开创地下空间领域"产学研用"新路径，形成合作"链"化效应，即以地下空间领军企业为龙头，携手学科优势明显的高等院校、科研院所，带动产业链上、下游企业，针对地下空间行业共性难题开展协同攻关，实现核心技术突破。

7.1.3   "城市地下空间工程"专业竞争力提升

2022 年获批科研项目的高等院校共计 27 所。其中，开设"城市地下空间工程"专业的高等院校共 8 所，占高校数量的 30%，共获批了 12 个科研项目，占科研项目总数的 34%。

与 2021 年相比，在获批科研项目的高等院校中，开设"城市地下空间工程"专业的高等院校数量占比提高了 9 个百分点，表明其申报科研项目的竞争力有所提升，"城市地下空间工程"专业科研人才集聚效应已逐步显现。

7.2　学　术　交　流

2022 年举办了"地下空间"领域的学术交流会议共 9 场，其中以智能智慧、安全韧性为主题和议题的会议频次较高（表 7.2.1）。

表 7.2.1　2022 年"地下空间"学术会议一览表

月份	名称	主题	地点	主办单位
6 月	第十届环境与工程地球物理国际会议	工程环境地球物理与智能探测技术	北京	中国地球物理学会、中国地质大学（北京）
7 月	2021 中国隧道与地下空间大会暨中国（城市）地下空间学会筹备大会	优化地下空间开发利用/提升智慧城市建设品质	深圳	深圳大学、深圳市土木建筑学会、中铁第四勘察设计院集团有限公司、中国电建集团华东勘测设计研究院有限公司
9 月	第四届地下空间开发和岩土工程新技术发展论坛	智能、安全——城市地下空间开发过程中的岩土工程新技术发展	广州	中国建筑学会工程勘察分会、中国建筑学会地下空间学术委员会、广东省岩土工程技术研究中心、广东省岩土与地下空间工程技术研究中心、广东省岩土力学与工程学会、杭州考通网络科技有限公司、岩土网
10 月	2022 年全球城市地下空间开发利用上海峰会	后疫情时代地下空间发展前景，构建低碳韧性城市，提高城市应对气候灾害能力	上海	上海市住房和城乡建设管理委员会科学技术委员会
11 月	2022 第十九次中国岩石力学与工程学术年会	能源强国与岩石力学	北京	中国岩石力学与工程学会
	第十二届全国高校城市地下空间工程专业建设研讨会	积极响应双碳战略，持续推进城市地下空间工程专业建设	西安	中国岩石力学与工程学会、教育部高等学校土木工程专业教学指导分委员会、陕西省科学技术协会、西安理工大学
	第十五届江苏省绿色建筑发展大会——第五届绿色地下空间论坛	助力"双碳"目标　赋能绿色地下建筑	南京	江苏省地下空间学会、江苏省地下空间学会碳中和专业委员会、江苏省地下空间学会运维专业委员会
12 月	2022 第九届国际地下空间开发大会	韧性、安全、绿色、低碳	上海	同济大学、深圳大学、上海市土木工程学会、中国土木工程学会市政工程分会
	人居环境视野下的地下空间规划及设计研讨会	深化地下空间的学术内涵，辨析新一届地下空间学术委员会的工作方向	线上	中国建筑学会地下空间学术委员会、西南交通大学建筑学院、重庆交通大学

7.3　论文著作

7.3.1　期刊论文

根据知网、维普、万方、Elsevier（爱思唯尔）、Springer（施普林格）国内外学术平台搜索关键词为"地下空间、地下工程、地下轨道、地下物流、综合管廊、地下交通、地下市政、地下商业、地下停车、人防工程"的 2022 年度期刊论文，搜索结果共计 10 300 条。其中，中国科技核心期刊、北大核心期刊、中国科学引文数据库（Chinese Science Citation Database，CSCD）、中文社会科学引文索引（Chinese Social Sciences Citation Index，CSSCI）等核心期刊的搜索结果达 5365 条，占比 52%，期刊收录 TOP5 为《地下空间与工程学报》《建筑结构》《建筑技术》《现代隧道技术》《城市轨道交通研究》。

在 2022 年期刊论文搜索结果中，期刊论文关键词主要为地下管线、市政工程、综合管廊、防水施工技术、市政施工、地下车站、结构设计等；期刊论文发布机构 TOP5 为中建二局第二建筑工程有限公司、苏交科集团股份有限公司、太原市第一建筑工程集团有限公司、中铁第四勘察设计院集团有限公司、中国地质大学（武汉）工程学院。

7.3.2　学位论文

根据知网、维普、万方、Elsevier、Springer 国内外学术平台搜索关键词为"地下空间、地下工程、地下轨道、地下物流、综合管廊、地下交通、地下市政、地下商业、地下停车、人防工程"的 2022 年学位论文，搜索结果共计 72 条，主要涉及矿业工程（14 条）、土木工程（10 条）、建筑学（8 条）、地质资源与地质工程（5 条）、环境科学与工程（4 条）、地球物理学（3 条）、力学（3 条）、动力工程及工程热物理（3 条）、法学（2 条）和地理学（2 条）等研究领域。

在 2022 年学位论文搜索结果中，学位论文关键词主要为力学特性、裂隙岩体、渗流特性、数值模拟、隧道工程、视觉舒适、支护结构、受力分析等；学位论文发布机构 TOP5 为中国矿业大学、吉林大学、宁夏大学、青岛理工大学、电子科技大学。

7.3.3　著作出版

2022 年地下空间领域出版的著作共 14 本（表 7.3.1），著作内容以地下空间施工技术、安全风险、信息智慧等为主。

表 7.3.1　2022 年"地下空间"著作出版一览表

序号	书名	作者	出版社
1	城市地下空间工程施工技术	蒋楠	武汉大学出版社
2	手绘中国隧道：从山岭穿越到城市地下空间开发	张家识，张恺	中国建筑工业出版社
3	城市地下空间安全的外部性控制与治理	赵丽琴	社会科学文献出版社
4	综合交通枢纽地下空间集约利用研究	邱继勤，石永明，李正川，刘明皓	中国财政经济出版社
5	超高层建筑群大规模地下空间智能化安全运营管理	张鹏飞	同济大学出版社
6	三亚总部经济及中央商务启动区地下空间开发利用潜力评价	杨博，涂兵，王令占，陈剑文，谢国刚，马筱	中国地质大学出版社
7	城市地下空间运行安全风险及应对	苏栋，邱绍峰，胡明伟，庞小朝，耿明	清华大学出版社
8	城市地下空间概论	姚海波	中国建材工业出版社
9	城市地下空间开发对城市微气候的影响	苏小超，赵旭东，张俊男	东南大学出版社
10	城市地下综合管廊技术规程	中国铁建股份有限公司	人民交通出版社股份有限公司
11	综合管廊风险预警识别关键技术与应用	宫大庆，张真继，刘世峰，欧阳康淼，刘忠良	清华大学出版社
12	城市地下综合管廊工程建造技术	谭忠盛，王秀英	人民交通出版社
13	特高压实践：GIL 综合管廊的建设与维护	朱超	电子工业出版社
14	四川省装配式钢结构城市地下综合管廊工程技术标准	中国建筑西南勘察设计研究院有限公司，南京联众工程技术有限公司	西南交通大学出版社

资料来源：中国国家数字图书馆

第8章

地下空间灾害与事故

本书中地下空间灾害与事故的界定范围为在社会活动聚集的地下场所内（即除地下市政管线、地下市政场站以外的城市地下建筑物、构筑物）发生的灾害与事故。

8.1　总体概况

根据 2022 年中央新闻网站、中央新闻单位、行业媒体、地方新闻网站、地方新闻单位和政务发布平台等报道的数据整理，2022 年地下空间灾害与事故共 58 起，死亡人数共计 15 人。

8.2　空间分布

从分布区域来看，2022 年全国共有 19 个省级行政区 37 个城市地下空间发生灾害与事故，其中江苏、浙江、湖南等地发生频次最高（图 8.2.1），发生频次最高的城市依次为上海、长沙、南宁、南京和杭州（图 8.2.2）。东部地区依然是 2022 年城市地下空间灾害与事故的主要发生区域。

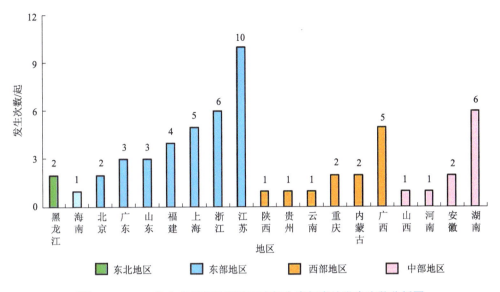

图 8.2.1　2022 年各省级行政区地下空间灾害与事故发生次数分析图

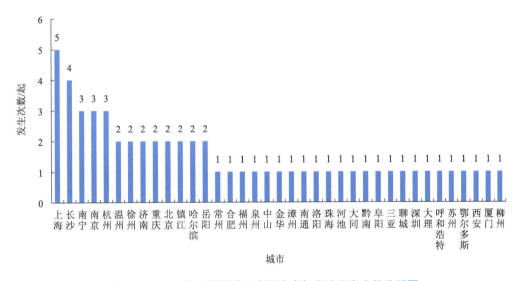

图 8.2.2　2022 年各城市地下空间灾害与事故发生次数分析图

8.3　事　故　类　型

2022 年发生地下空间灾害与事故的类型主要为火灾、水灾、施工事故、交通事故以及其他事故。

2022 年地下空间灾害与事故各类型中发生最多的是火灾事故，共计 28 起，占所有灾害与事故数量的 48%。水灾事故共计 12 起，占所有灾害与事故数量的 21%。施工事故共计 10 起，占所有灾害与事故数量的 17%。交通事故共计 5 起，占所有灾害与事故数量的 9%。其他事故共计 3 起，占所有灾害与事故数量的 5%，如图 8.3.1 所示。

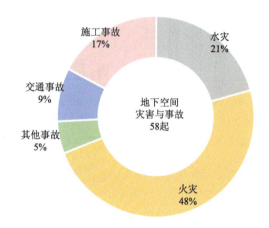

图 8.3.1   2022 年地下空间灾害与事故类型分析图

2022 年各类地下空间灾害与事故共造成 15 人死亡。施工事故是地下空间灾害与事故中伤亡人数最多的类型，共造成 11 人死亡；交通事故次之，共造成 2 人死亡；火灾、水灾未造成人员死亡；其他事故造成 2 人死亡。

结合伤亡人口分布，2022 年地下空间灾害与事故事件中，人员死亡最高的区域依次为江苏、云南与北京，如图 8.3.2 所示。

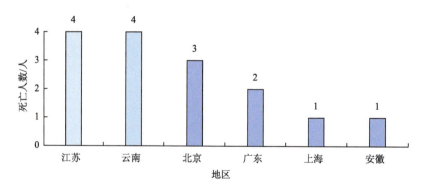

图 8.3.2   2022 年中国城市地下空间灾害与事故区域死亡情况统计

由地下空间灾害与事故引发的伤亡事件，其严重程度基本和目前中国地下空间开发利用水平呈正相关。较发达地区地下空间利用率高，建设强度相对较大，发生地下空间灾害与事故的概率也随之提高。此类城市未来更需增强安全意识，加强安全教育，建立预警机制，加强应急措施。

8.4　季节分析

2022 年春季为城市地下空间灾害与事故多发期，共发生 25 起，秋季在全年中灾害与事故发生相对较少。由火灾引发的地下空间事故主要发生在春季，水灾多发生在春季和夏季，施工事故多发生在春季（春季为 3 月、4 月、5 月；夏季为 6 月、7 月、8 月；秋季为 9 月、10 月、11 月；冬季为 12 月、1 月、2 月），如图 8.4.1 所示。

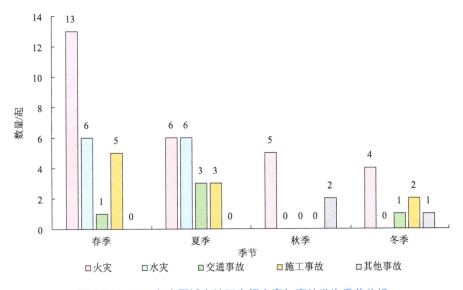

图 8.4.1　2022 年中国城市地下空间灾害与事故发生季节分析

2022 年城市地下空间灾害与事故高频次发生月份为 3 月、4 月、7 月和 8 月，均超过 6 起。地下空间灾害与事故发生频次最少的月份为 1 月、9 月、11 月和 12 月，均发生 2 起。具体事故类型方面，火灾全年各月份均有发生，4 月达到峰值，水灾多发生在 4 月和 7 月，达 3 起，如图 8.4.2 所示。

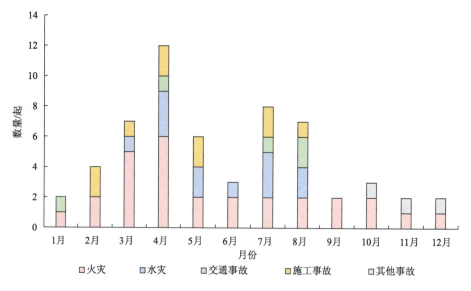

图 8.4.2　2022 年中国城市地下空间灾害与事故发生月份分析

8.5　发生场所

　　2022 年发生地下空间灾害与事故的主要场所为地下车库、轨道交通、地下通道、隧道、地下室、建筑基坑等。与往年相比，2022 年发生灾害与事故的主要场所发生变化，地下车库成为高发场所，占比达到 64%，如图 8.5.1 所示。

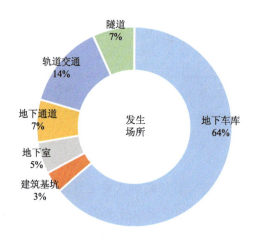

图 8.5.1　2022 年中国城市地下空间灾害与事故发生场所分析图

从灾害与事故类型和发生场所的关系来看，地下车库多发生火灾和水灾，轨道交通多发生施工事故，如图 8.5.2 所示。

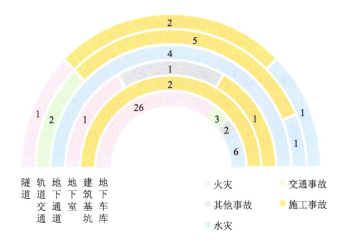

图 8.5.2　2022 年中国城市地下空间灾害与事故发生场所及事故类型分析图

第 9 章

地下空间减碳固碳用碳

地下空间是未来城市发展的新增长极,其科学开发不仅能够解决地表土地资源紧缺、交通拥堵、环境污染等城市发展问题,而且在降低城市能耗,提升城市碳汇、储碳、固碳、用碳等方面可以发挥重要作用,做出积极贡献。国内外的实践充分表明,大规模地下空间的开发利用具有技术可行性和经济可行性。为实现"双碳"目标,大规模开发利用城市地下空间,充分挖掘其减碳固碳用碳潜力显得尤为重要。

9.1　基础设施入地化能够释放地面空间并增加生态碳汇

随着城市化的快速发展,城市地面空间越发紧张,而基础设施的建设往往需要占用大量的地面空间。因此,将粮仓等基础设施转入地下不仅可以有效地释放地面空间,减少对城市生态环境的破坏和污染,同时可为城市发展提供新的空间资源,促进城市的可持续发展。

自新中国成立以来,我国粮仓规划建设不断推进,仓容规模进一步增加,设施功能不断完善,安全储粮能力持续增强。2022 年,全国各类粮食企业累计收购粮食 4 亿吨左右,全国地上粮仓容量约 5.5 亿吨,若将其 50%改用地下粮仓,每年可节约电量约 13.75 亿千瓦时,减少二氧化碳排放量约 137.5 万吨。估算标准粮仓单吨库容投资约 2252 元,维修改造、绿色低温智能化升级单吨库容投资约 346 元。

9.2　地下空间能源存储是未来能源转型的重要支撑

9.2.1　天然气存储

"十三五"时期以来，我国天然气产供储销体系建设稳步推进，天然气储量和产量快速增长，"全国一张网"基本成型。2022 年，天然气勘探开发在陆上超深层、深水、页岩气、煤层气等领域取得重大突破。其中，在琼东南盆地发现南海首个深水深层大型天然气田；页岩气在四川盆地寒武系新地层勘探取得重大突破，开辟了规模增储新阵地，威荣等深层页岩气田开发全面铺开；鄂尔多斯盆地东缘大宁—吉县区块深层煤层气开发先导试验成功实施。2022 年，国内油气企业加大勘探开发投资，同比增长 19%，其中，勘探投资约 840 亿元，创历史最高水平；开发投资约 2860 亿元。全国新增探明地质储量保持高峰水平 11 323 亿立方米。2022 年全国天然气产量 2201 亿立方米（图 9.2.1），同比增长 6.0%，连续 6 年增产超 100 亿立方米，其中页岩气产量 240 亿立方米。

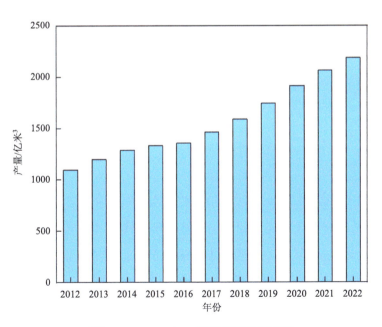

图 9.2.1　2012~2022 年我国天然气产量

9.2.2   压缩空气储能

2022 年，我国压缩空气储能累计装机规模达到 196.4 兆瓦。在相关政策指引和支持下，我国新型储能产业发展明显提速。根据国家能源局发布的数据，截至 2022 年底，全国已投运新型储能项目装机规模达 8.7 吉瓦，平均储能时长约 2.1 小时。预计到 2025 年，国内新型储能装机规模将增至 30 吉瓦。

当前，我国新型储能市场呈现出以锂离子电池技术路线为主，新型储能技术多元化发展的格局。数据显示，截至 2022 年底，全国新型储能装机中，锂离子电池储能占比 94.5%、压缩空气储能占比 2.0%、液流电池储能占比 1.6%、铅酸（炭）电池储能占比 1.7%、其他储能技术占比 0.2%，如图 9.2.2 所示。

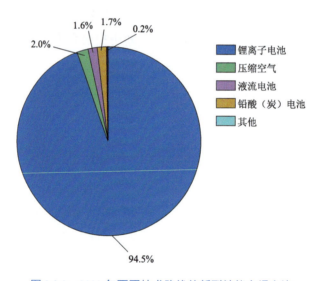

图 9.2.2　2022 年不同技术路线的新型储能市场占比

目前，压缩空气储能逐渐由地面压缩空气储罐转入地下空间。2014 年建设了安徽芜湖 500 千瓦压缩空气储能工业试验电站（第一代），电-电转换效率 40%，与德国 Huntorf 补燃式电站（42%）相当。集成槽式太阳能集热与非补燃压缩空气储能技术，2016 年建设了青海西宁 100 千瓦光热复合压缩空气储能工业试验电站（第二代），电-电转换效率 51%，与美国 McIntosh 补燃式电站（55%）相当。2017 年 5 月，江苏金坛 60 兆瓦商业压缩空气储能电站获批国家能源局示范项目，2018 年 12 月举行开工仪式，进入工程实施阶段，采用地下盐穴作为压缩空气存储空间，电-电转换效率达到 62.38%。

9.2.3　氢能存储

氢能具有清洁无碳、绿色高效、可再生、应用场景丰富等特点，积极有序发展氢能是推动中国能源转型升级的重要方向和实现"双碳"目标的重要途径。中国氢能消费量巨大，2022 年中国占全球氢能消费量约 53.7%的份额。中国氢能消费量由 2018 年的 2180 万吨增至 2022 年的 3520 万吨（图 9.2.3），复合年增长率为 12.7%。

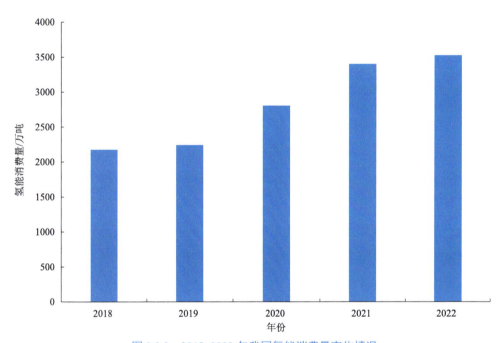

图 9.2.3　2018~2022 年我国氢能消费量变化情况

中国已成为世界上最大的氢气生产国，数据显示，2022 年我国氢气产量达 3781 万吨，同比增长 14.58%（图 9.2.4）。未来随着政策及市场驱动，氢能需求有望持续保持高速增长。2022 年，我国可再生能源装机量已位居全球第一，在清洁低碳的氢能供给上具有巨大潜力。国内氢能产业呈现积极发展态势，已初步掌握氢能制备、储运、加氢、燃料电池和系统集成等主要技术和生产工艺，在部分区域实现燃料电池汽车小规模示范应用。全产业链规模以上工业企业超过 300 家，集中分布在长三角城市群、粤港澳大湾区、京津冀城市群等区域。

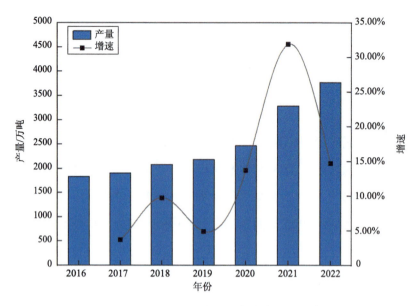

图 9.2.4　2016~2022 年我国氢气产量及增速

截至 2022 年，我国闲置盐穴 1.5 亿立方米，闲置矿洞超 90 亿立方米，形成巨大深地空间。与地面储罐、低温液态储氢相比，盐穴、矿洞等地质储氢在成本、规模和存储周期上优势显著。适宜地下储氢的地质条件分为两类：一类是砂岩或碳酸盐岩地层组成的多孔介质，另一类是花岗岩等致密岩石洞穴或盐腔。美国早在 20 世纪 70 年代就已开始研究将氢气存储于地下的可能性。截至 2022 年，仅美英两国建成 4 座盐穴储氢库，且对我国实施技术封锁。瑞典等国开展了矿洞、气田和含水层储氢研究，但规模偏小且限于试验阶段。

9.2.4　我国地下空间能源储库建设

截至 2022 年底，全球 36 个国家和地区共建成地下储气库 716 座，主要集中于美国、欧洲、俄罗斯，工作气量达 4230 亿立方米。我国已建地下储气库 38 座（图 9.2.5），工作气量近 200 亿立方米，主要集中在华北地区和长江经济带。我国储气库建库地域分布不均，"国字号"工程"西气东输"与储气库同步规划，实现了气体能源供给与需求的无缝衔接。

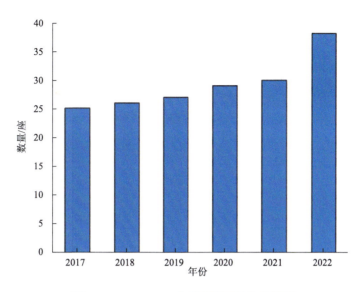

图 9.2.5　2017~2022 年我国地下储气库数量

中国地下储气库建设起步较晚，改革开放以前是空白，20 世纪 70 年代末在大庆油田曾经进行过利用气藏建设地下储气库的尝试。2000 年 11 月，我国首次在大港油田利用枯竭凝析气藏建成了大张坨储气库；金坛储气库是中国盐穴储气第一库，规模为亚洲第一；苏桥储气库群储层埋深达 5500 米，位居世界第一；呼图壁储气库是建成规模最大的地下储气库，注采气量位居中国第一。

我国盐穴资源非常丰富，江苏、湖北、陕西、四川、重庆、云南、河南、山东等地都有井矿盐资源。根据井矿盐的开采量，预计每年形成的地下空间有 1000 万立方米。据统计，我国符合使用条件的盐穴资源约有 2000 多个，目前大部分处于闲置状态，只有少量用于储存天然气和压缩空气储能发电，开发潜力巨大，规模化应用将有力促进我国新型电力系统的构建。

9.3　地热资源利用是推动源头减排的新动力

我国地热能潜力巨大，可以为新时期城市地下空间低碳发展做出显著贡献。为实现地下空间低碳发展，应强化城市地下基础设施与地热能高效利用技术，优化地下空间能源结构。国家发展改革委等部门联合印发的《"十四五"可再生能源发展规划》中指出，应积极推进地热能规模化开发。我国干热岩资源居世界前列，陆域干热岩资源量为 856 万亿吨标准煤，其中青海共和盆地 3705 米深处钻获 236℃的高温干热岩体。按照 2%的可开采资源量计算，我国可开采干热岩量相当于 17 万亿吨标准煤，为 2016 年全国能源消耗量（43.6 亿吨）的近 4000 倍。至"十三五"时期末，地热能年利用量相当于替代化石能源 7000 万吨标准煤，减排二氧化碳 1.7 万亿吨。

9.3.1 浅层地热资源利用

截至 2022 年底，我国 336 个地级以上城市浅层地热能资源每年可开采量折合标准煤 7 亿吨，可替代标准煤 11.7 亿吨/年，节煤量 4.1 亿吨/年。从浅层地热能开发利用方式来看，地埋管热泵系统适宜区占总评价面积的 29%，较适宜区占 53%。地下水源热泵系统适宜区占总评价面积的 11%，较适宜区占 27%。综合考虑浅层地热能开发利用的影响因素，我国适宜开发浅层地热能的地区主要分布在中东部省份，包括北京、天津、河北、山东、河南、上海、湖北、湖南、江苏、浙江、江西、安徽等 12 个省（市）。

2021 年 9 月，国家能源局发布的《关于促进地热能开发利用的若干意见》中提出：到 2025 年，各地基本建立起完善规范的地热能开发利用管理流程，地热能供暖（制冷）面积比 2020 年增加 50%，在资源条件好的地区建设一批地热能发电示范项目。在地热直接利用方面，到 2020 年我国浅层地热能利用已达 5000 兆瓦时，地热（温泉）直接利用 4000 兆瓦时；预计到 2050 年我国浅层地热能利用将达 25 000 兆瓦时，地热（温泉）直接利用达 10 000 兆瓦时。

9.3.2 中深层地热资源利用

截至 2022 年底，我国水热型地热资源非常丰富，出露温泉 2334 处，地热开采井 5818 眼。水热型地热资源量折合标准煤 12 500 亿吨，每年地热资源可采量折合标准煤 18.65 亿吨，有高温地热资源（≥150℃），但以中温地热资源（90~150℃）和低温地热资源（<90℃）为主。其中，水热型中低温地热资源量折合标准煤 12 300 亿吨，每年地热资源可采量折合标准煤 18.5 亿吨，发电潜力 150 万千瓦。水热型高温地热

资源量折合标准煤 141 亿吨，每年地热资源可采量折合标准煤 0.18 亿吨，发电潜力为 846 万千瓦。科学开发 200~3000 米水热型地热资源，优化开采布局，实现地下空间电力供给结构性调整。中低温水热资源主要分布在华北、苏北、松辽、江汉等大中型盆地，高温水热型地热能主要分布在西藏、云南、四川和台湾西南地区。因此，可采用中小型分布式发电与大型地热发电站相结合的方式，优化地热发电布局，助力城市地下空间供电系统低碳发展。在西部地区可重点发展大型地热电站，该地区高温水热型地热资源丰富，人口密度小，而且便于电力输送，可在一定程度上缓解中大型城市用电需求。

《中国地热产业高质量发展报告》提出，在清洁供暖需求的强烈作用下，我国逐渐形成了以供暖（制冷）为主的地热发展路径，为国际地热发展提供了新思路。截至 2022 年底，我国地热能供热制冷面积累计达 13.9 亿平方米。未来几年，我国北方地区地热清洁供暖、长江中下游地区地热供暖（制冷）、青藏高原及其周边地热发电仍将是产业发展热点。近年来，我国的中深层水热型地热能供暖利用规模持续扩大，在北方清洁供暖和大气污染防治中发挥了重要作用，已成为可再生能源家族中的重要一员。

9.3.3　深层地热资源利用

我国干热岩资源潜力巨大，开发前景广阔，高于美国干热岩资源的估算结果（570 万亿吨标准煤）。经初步测算，地下 3~10 千米范围内干热岩资源折合标准煤 860 万亿吨，对其中的 2% 加以开采利用，即相当于全国能源总消耗量的 4000 倍。尤其是位于 3.5~7.5 千米深度的干热岩资源温度在 150~250℃，资源量巨大，折合标准煤 215 万亿吨。干热岩资源是最具有潜力的战略接替能源，但是开发难度较大。

当前，我国干热岩资源勘探开发尚处于探索阶段。我国干热岩资源潜力主要分布于青藏高原及周边，华南火成岩分布区，东部沉积盆地深部，以及腾冲、长白山等近代火山活动区。2017 年，青海共和盆地干热岩勘探取得重大突破，并于 2021 年实现了试验性发电与并网。此外，河北唐山、江苏兴化等地也已实施以干热岩等深层地热资源为目的的地热探井。中国地质调查局数据显示，我国陆区地下 3000 米至 10 000 米范围内的干热岩型地热资源量折合标准煤 856 万亿吨。

9.4　二氧化碳地质封存是实现我国碳减排目标的有效措施

党的二十大报告明确提出"积极稳妥推进碳达峰碳中和"[①]。为推进"双碳"目标实现，人们正在多方面探寻实现节能降碳的可能，更多的降碳技术开始受到关注，并走进大众视野。碳捕获利用与封存（carbon capture utilization and storage，CCUS）技术便是其中之一。这种将二氧化碳从工业或其他碳排放源中捕集，并运输到特定地点加以利用或封存的技术，具有减排规模大、减排效益明显的特点，被形象地称为"碳捕手"。

9.4.1　二氧化碳封存

二氧化碳陆域封存主要可分为咸水层封存、油气藏封存和深部煤层封存（图9.4.1）。根据初步的调查结果，我国具有较好的二氧化碳地质封存条件和潜力。整体看，几种主要的地质封存方式中，咸水层的封存潜力最大，可以满足更大规模的碳封存；油气藏封存的工程实践最多、经济性最好，并已初步实现商业化，截至2022年底，国内项目最大规模已达到 100 万吨/年；深部煤层封存国内也已实施多个工程示范项目，不过目前注入规模比油气藏封存小得多，单体项目二氧化碳注入量不超过 5000 吨，但其安全性最高，同时源汇匹配条件和经济性好，具有开展大规模地质封存的前景。

截至 2022 年底，国内已投运和规划的 CCUS 示范项目达 99 个。已投运项目 59个，具备捕集能力超过 400 万吨/年，注入能力超过 200 万吨/年。10 万吨级及以上的项目超过 40 个，其中 50 万吨级及以上的项目超过 10 个，多个百万吨级以上的项目正在规划中。2022 年 8 月，中国首个百万吨级 CCUS 项目——齐鲁石化-胜利油田项目正式建成投产。华能集团正在建设煤电百万吨级 CCUS 全流程示范工程，预计建成后，每年可捕集并封存二氧化碳超过 150 万吨。中石油集团正在建设包括大庆

[①] 引自 2022 年 10 月 26 日《人民日报》第 1 版的文章：《高举中国特色社会主义伟大旗帜 为全面建设社会主义现代化国家而团结奋斗》。

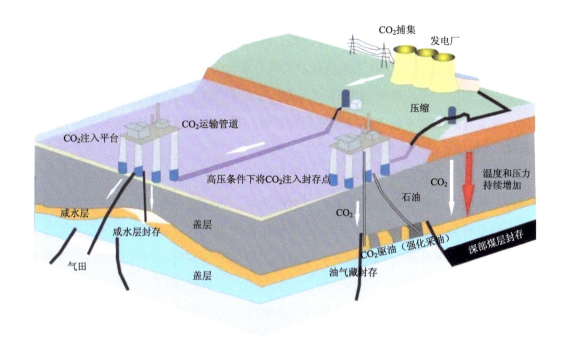

图 9.4.1　二氧化碳陆域封存原理示意图

油田 140 万吨/年和吉林油田 100 万吨/年示范工程在内的多个 CCUS 示范项目，其与油气行业气候倡议组织（Oil and Gas Climate Initiative，OGCI）共同策划的新疆 CCUS 产业集群也在积极筹备中，预计 2030 年驱油利用与封存规模可达千万吨。陕西延长石油集团规划建设 500 万吨/年的 CCUS 项目。

9.4.2　二氧化碳封存与储能

　　二氧化碳封存与储能相结合，其原理与压缩空气储能类似，利用地下封存的二氧化碳，实现二氧化碳工质在压缩—发电—存储间转换，可拓宽二氧化碳利用途径，提高 CCUS 技术的收益和经济性，为电网运行提供调峰、调频、旋转备用及黑启动等多种服务。二氧化碳的临界压力与临界温度分别是 7.39 兆帕和 31.4℃，临界点容易达到，使得其整体流程设计相对灵活；热源放热温度曲线和二氧化碳吸热温度曲线匹配良好，主要热力过程的高效传热容易实现；储能密度高，一般可达到 20~60 千瓦时/米^3，约为传统压缩空气储能的 2~20 倍。

　　2022 年，由东方电气集团东方汽轮机有限公司、百穰新能源科技（深圳）有限公司、西安交通大学能源与动力工程学院、北京泓慧国际能源技术发展有限公司共同打造的全球首个二氧化碳+飞轮储能示范项目落地。项目占地 18 000 平方米，约为两个半足球场大小，储能规模 10 兆瓦/20 兆瓦时，能在 2 小时内存满 2 万千瓦时的电，是全球单机功率最大、储能容量最大的二氧化碳储能项目，也是全球首个二氧化碳+飞轮储能综合能源站。

目前，利用二氧化碳进行能源存储的技术应用场景尚局限于地面设备，但地下空间在二氧化碳存储及储能方面具有很大的潜力。以盐穴为例，盐岩具有良好的蠕变和自修复性能以及低渗透性，建设成本低；盐穴也可以用作大型化学反应容器，用于制备基于二氧化碳的化学原料。在进行二氧化碳储能时，通过套管环空向盐穴注入二氧化碳，卤水通过中央管道排出，盐穴充满二氧化碳，井口关闭进行二氧化碳封存；利用时，二氧化碳通过套管环空排放，可用于储能及其他工业用途。

附录 A　2022 年城市地下空间建设评价指标展示

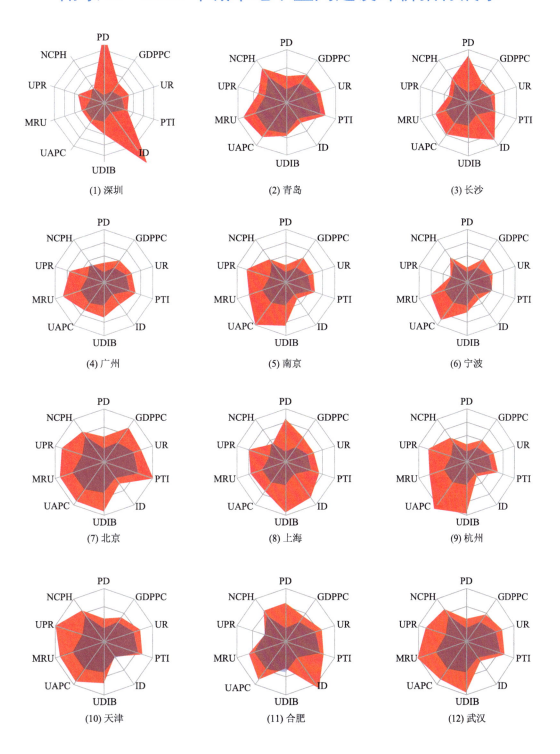

(1) 深圳

(2) 青岛

(3) 长沙

(4) 广州

(5) 南京

(6) 宁波

(7) 北京

(8) 上海

(9) 杭州

(10) 天津

(11) 合肥

(12) 武汉

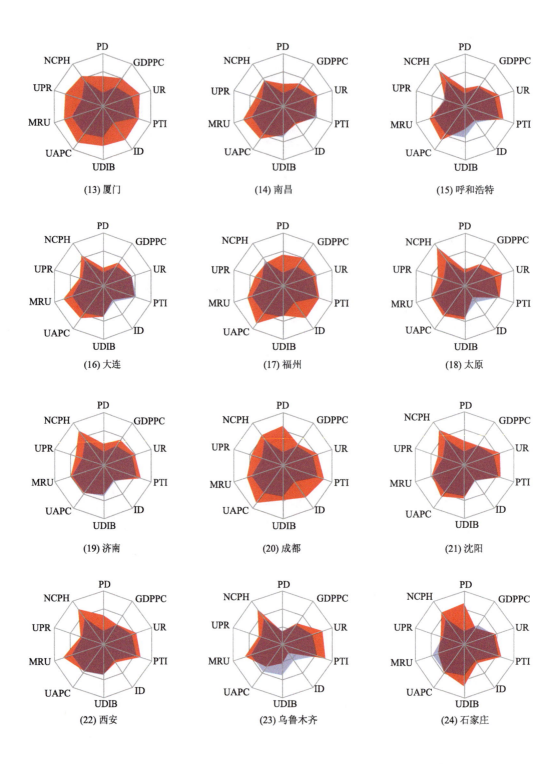

(13) 厦门　　　　　　(14) 南昌　　　　　　(15) 呼和浩特

(16) 大连　　　　　　(17) 福州　　　　　　(18) 太原

(19) 济南　　　　　　(20) 成都　　　　　　(21) 沈阳

(22) 西安　　　　　　(23) 乌鲁木齐　　　　(24) 石家庄

(25) 重庆   (26) 哈尔滨   (27) 郑州

(28) 海口   (29) 昆明   (30) 贵阳

(31) 南宁   (32) 兰州   (33) 西宁

(34) 银川   (35) 长春   (36) 拉萨

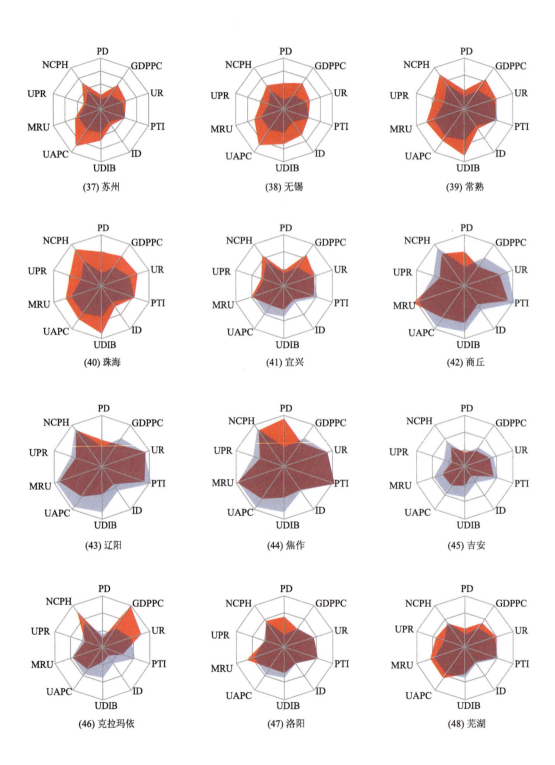

(37) 苏州　　　　　　　(38) 无锡　　　　　　　(39) 常熟

(40) 珠海　　　　　　　(41) 宜兴　　　　　　　(42) 商丘

(43) 辽阳　　　　　　　(44) 焦作　　　　　　　(45) 吉安

(46) 克拉玛依　　　　　(47) 洛阳　　　　　　　(48) 芜湖

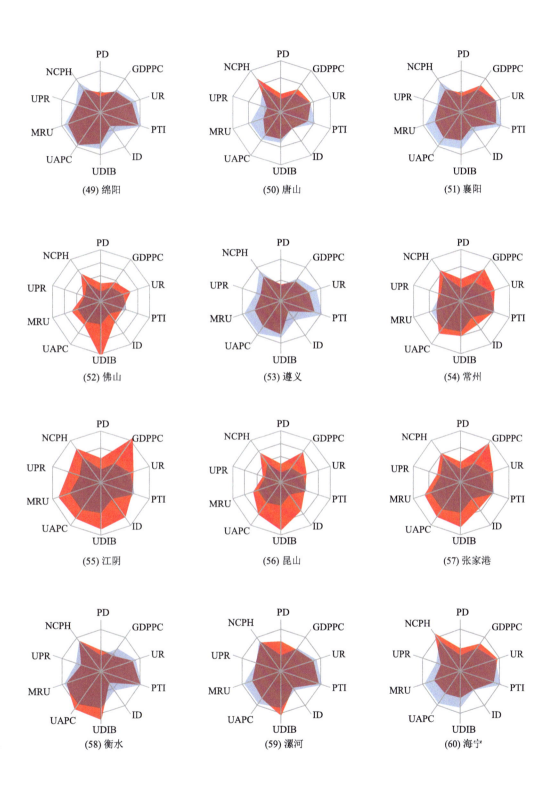

(49) 绵阳

(50) 唐山

(51) 襄阳

(52) 佛山

(53) 遵义

(54) 常州

(55) 江阴

(56) 昆山

(57) 张家港

(58) 衡水

(59) 漯河

(60) 海宁

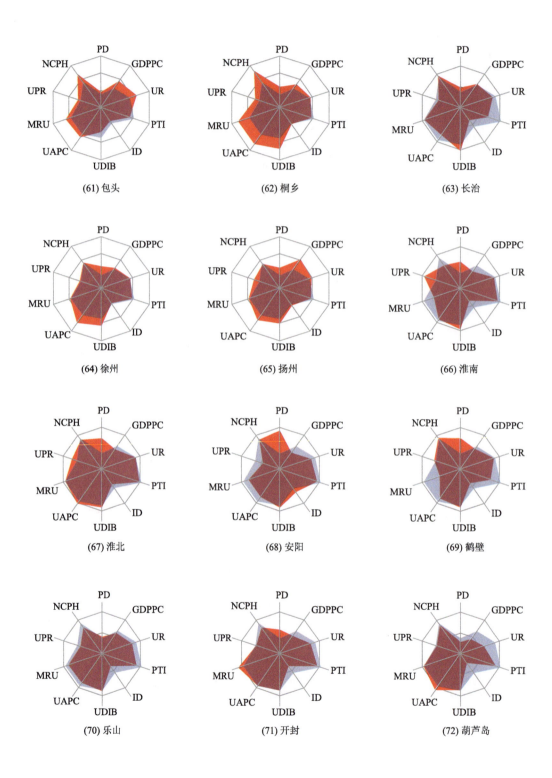

(61) 包头

(62) 桐乡

(63) 长治

(64) 徐州

(65) 扬州

(66) 淮南

(67) 淮北

(68) 安阳

(69) 鹤壁

(70) 乐山

(71) 开封

(72) 葫芦岛

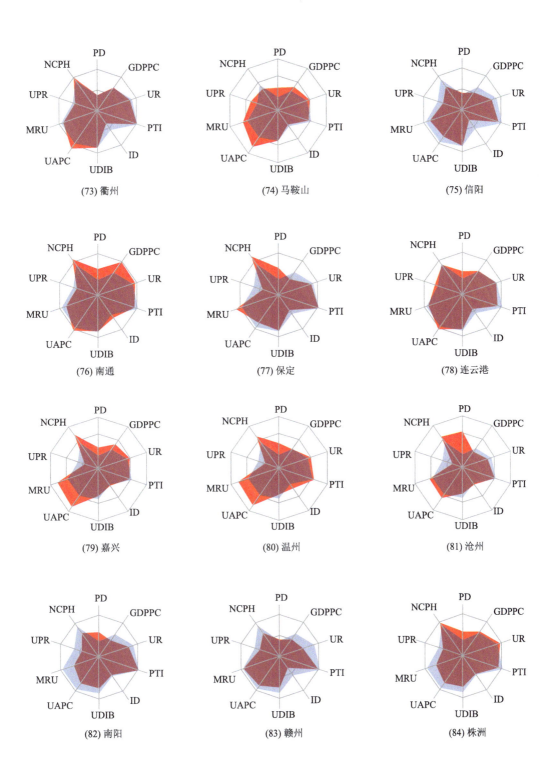

(73) 衢州　　　　(74) 马鞍山　　　　(75) 信阳

(76) 南通　　　　(77) 保定　　　　(78) 连云港

(79) 嘉兴　　　　(80) 温州　　　　(81) 沧州

(82) 南阳　　　　(83) 赣州　　　　(84) 株洲

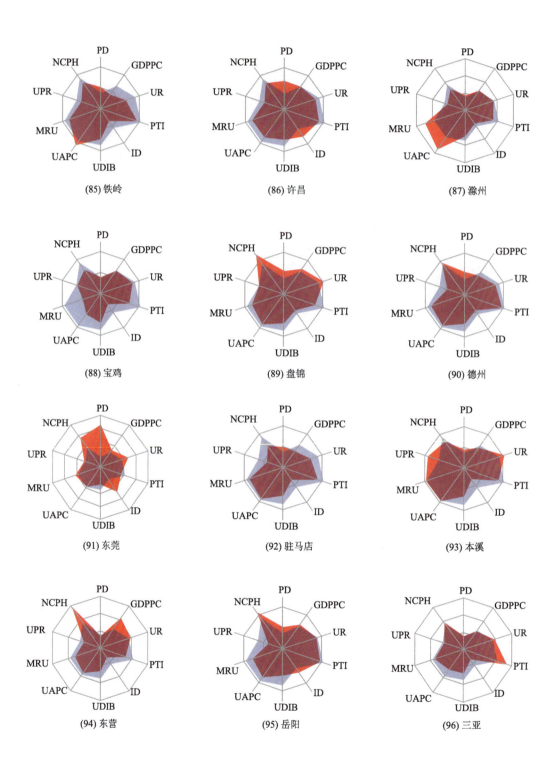

(85) 铁岭

(86) 许昌

(87) 滁州

(88) 宝鸡

(89) 盘锦

(90) 德州

(91) 东莞

(92) 驻马店

(93) 本溪

(94) 东营

(95) 岳阳

(96) 三亚

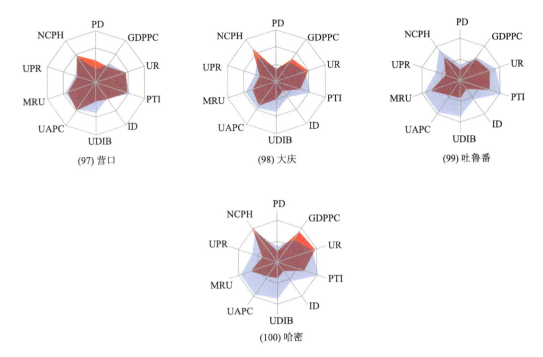

(97) 营口　　　(98) 大庆　　　(99) 吐鲁番

(100) 哈密

图 A1　2022 年样本城市地下空间建设评价指标

PD 为人口密度，GDPPC 为人均 GDP，UR 为城镇化率，PTI 为第三产业比重，ID 为产业密度，NCPH 为小汽车百人保有量，UDIB 为建成区地下空间开发强度，UAPC 为人均地下空间规模，MRU 为地下空间社会主导化率，UPR 为停车地下化率

附录 B 2022 年中国城市地下空间发展大事记

3 月 14 日

国家发展改革委发布《河南郑州等地特大暴雨洪涝灾害灾后恢复重建总体规划》。该文件就城市地下交通修复和避险能力提升、城市其他地下空间安全提标改造、完善地下空间应急管理机制三方面，明确提出重建及管理要求。这对国内其他城市地下空间建设同样具有重要意义。[①]

6 月 21 日

国家发展改革委印发《"十四五"新型城镇化实施方案》，提出在高质量推进新型城镇化过程中：推进管网更新改造和地下管廊建设；建立地下空间开发与运营管理机制，推行分层开发和立体开发；探索建设用地地表、地下、地上分设使用权，鼓励轨道交通地上地下空间综合开发利用[②]。

7 月 27 日

作为现代防护工程理论的奠基人、防护工程学科的创立者，中国工程院院士、国家最高科学技术奖获得者钱七虎，被授予全军最高荣誉——"八一勋章"[③]。

9 月 4 日

全球首台大坡度螺旋隧道掘进机"北山 1 号"参与中国北山地下实验室斜坡道建设。该设备开挖直径为 7.03 米，整机长约 100 米，能够实现水平 200 米转弯半径，同时竖向 380 米曲线半径螺旋式掘进。[④]

[①] 《河南郑州等地特大暴雨洪涝灾害灾后恢复重建总体规划》发布（全文）[EB/OL]. https://www.gov.cn/xinwen/2022-03/14/content_5678960.htm[2022-03-14].

[②] 国家发展改革委关于印发"十四五"新型城镇化实施方案的通知[EB/OL]. https://www.gov.cn/zhengce/zhengceku/2022-07/12/content_5700632.htm[2022-07-12].

[③] "八一勋章"获得者先进事迹[EB/OL]. http://www.news.cn/politics/2022-07/31/c_1128879533.htm[2022-07-31].

[④] 矫阳. 全球首台大坡度螺旋隧道掘进机下线[EB/OL]. https://www.cas.cn/kj/202209/t20220905_4846703.shtml [2022-09-05].

10 月 26 日

亚洲最大断面地下互通立交隧道——厦门海沧疏港通道主线正式通车。互通分岔段最大断面容纳了"主线 3 车道+匝道 2 车道"，单体功能区域最大开挖面积达 421.73 平方米，截面最大开挖宽度 30.51 米。为今后我国类似隧道工程建设提供了参考依据，为提升行业施工技术水平奠定了坚实的基础。[①]

10 月 28 日

上海市静安区垂直掘进（盾构）地下智慧车库采用装配式竖井垂直掘进技术，建设两座智慧停车库，提供 304 个车位，单个竖井开挖直径 23.02 米，深度约 50.5 米，为世界最大直径竖井[②]。

12 月 30 日

国家标准《城市地下空间与地下工程分类》（GB/T 41925—2022）发布[③]。

---

① 刘艳, 谢嘉迪. 海沧疏港通道今日通车[N]. 厦门日报，2022-10-26（A08）.

② 世界最大直径、上海市首个垂直掘进（盾构）地下智慧车库开工[EB/OL]. http://cr15g.crcc.cn/art/2022/10/29/art_3806_4090333.html[2022-10-29].

③ 城市地下空间与地下工程分类：GB/T 41925—2022[S]. 北京：中国标准出版社，2022.

附录 C 2022 年城市地下空间灾害与事故统计

时间	类型	起因	死亡人数/人	发生场所	所在城市		信息来源
1 月 19 日	火灾	新能源汽车自燃	0	地下车库	上海市	中国交通网	http://www.zgjt.org/article/4236.html
1 月 22 日	交通事故	地铁女乘客被夹身亡	1	轨道交通	上海市	河北新闻网	https://yzdsb.hebnews.cn/pc/paper/c/202201/26/content_119134.html
2 月	火灾	小孩玩"擦炮"扔进地下车库引发火灾	0	地下车库	江苏省常州市	人民网	http://js.people.com.cn/n2/2022/0209/c360303-35126293.html
2 月 15 日	火灾	地下车库电动车着火	0	地下车库	广西壮族自治区南宁市	中国应急管理报	https://baijiahao.baidu.com/s?id=1725538936732594168&wfr=spider&for=pc
2 月 22 日	施工事故	轨道施工发生事故	1	轨道交通	江苏省南京市	南京市应急管理局	https://safety.nanjing.gov.cn/njsaqscjdglj/202208/t20220824_3681292.html
2 月 25 日	施工事故	轨道施工发生事故	1	轨道交通	安徽省合肥市	合肥市应急管理局	https://yjj.hefei.gov.cn/xxgk/sgcl/sgdc/14877837.html
3 月	水灾	地下通道污水外溢	0	地下通道	山东省济南市	齐鲁晚报	https://baijiahao.baidu.com/s?id=1728280984414083883&wfr=spider&for=pc
3 月 2 日	火灾	电气线路短路引发火灾	0	地下车库	广西壮族自治区南宁市	南宁消防	https://mp.weixin.qq.com/s?__biz=MjM5MTEwNzEwMg==&mid=2649471652&idx=1&sn=0bc46fe240e1882908591d2c0d7979c6&chksm=bea58bd589d202c38fc35f449142f4a3b6f5036ba40f2c884002939ec675c0ea2412f93b7ced&scene=27#wechat_redirect
3 月 13 日	火灾	地下车库车辆自燃	0	地下车库	浙江省杭州市	都市快报	http://zj.sina.com.cn/news/2022-03-14/detail-imcwipih8360072.shtml
3 月 17 日	火灾	新能源汽车自燃	0	地下车库	浙江省温州市	温州消防	https://new.qq.com/rain/a/20220326A03NIW00
3 月 24 日	火灾	男孩玩火点燃地下车库沙发	0	地下车库	福建省福州市	海峡都市报	https://www.163.com/dy/article/H3ANQFAR0534AAR4.html
3 月 24 日	施工事故	轨道施工发生事故	1	轨道交通	江苏省徐州市	扬子晚报	https://zhuanlan.zhihu.com/p/491510778

续表

时间	类型	起因	死亡人数/人	发生场所	所在城市		信息来源
3 月 25 日	火灾	地下车库汽车自燃	0	地下车库	浙江省温州市	温州消防	https://new.qq.com/rain/a/20220326A03NIW00
4 月	水灾	地下通道积水	0	地下通道	重庆市	上游新闻	https://www.sohu.com/a/537083686_120388781
4 月	火灾	地下车库车辆自燃	0	地下车库	广东省中山市	中山生活网	https://www.163.com/dy/article/H4P5AJJO05149DP6.html
4 月	水灾	地下通道积水	0	地下通道	福建省漳州市	海峡导报	https://baijiahao.baidu.com/s?id=1730133269529646286&wfr=spider&for=pc
4 月	火灾	少年偷油引发地下车库火灾	0	地下车库	河南省洛阳市	大象新闻	https://www.hntv.tv/rhh-2301037568/article/1/1519855393097011201
4 月 9 日	火灾	轻型货车在隧道内自燃	0	隧道	福建省泉州市	中国新闻网	https://www.chinanews.com.cn/sh/2022/04-11/9725396.shtml
4 月 12 日	施工事故	在建地下室顶板局部下陷	0	地下室	浙江省金华市	兰溪市人民政府	http://www.lanxi.gov.cn/art/2022/6/8/art_1229277737_59256382.html
4 月 16 日	交通事故	地铁巡查发生车辆伤害事故	1	轨道交通	北京市	北京市昌平区人民政府	http://www.bjchp.gov.cn/cpqzf/xxgk2671/zdlyxxgk57/aqyj/sgkb/cp5543041/index.html
4 月 17 日	火灾	路人扔烟头致地下车库起火	0	地下车库	湖南省长沙市	三湘都市报	https://m.voc.com.cn/xhn/news/202204/14749711.html
4 月 20 日	施工事故	轨道施工发生事故	1	轨道交通	江苏省南通市	江海通报	https://baijiahao.baidu.com/s?id=1732492270853209108&wfr=spider&for=pc
4 月 22 日	火灾	地下车库车辆起火	0	地下车库	浙江省杭州市	钱江晚报	https://www.thehour.cn/news/512903.html
4 月 25 日	水灾	暴雨致积水倒灌车库	0	地下车库	湖南省长沙市	红网	https://people.rednet.cn/front/messages/detail?id=4202058
4 月 30 日	火灾	地下车库车辆自燃	0	地下车库	广东省珠海市	珠江晚报	http://zjwb.hizh.cn/html/2022-05-04/content_1293_6083710.htm
5 月 3 日	施工事故	隧道施工发生事故	0	隧道	广西壮族自治区河池市	广西河池市人民政府	http://www.hechi.gov.cn/zfxxgk/fdzdgknr/zdlyxxgk/qtzdxxgk/aqscxx/aqsgtb/t12608557.shtml
5 月 4 日	火灾	地下室内烧烤引发火灾	0	地下室	山西省大同市	厦门消防	https://m.thepaper.cn/newsDetail_forward_26431162

续表

时间	类型	起因	死亡人数/人	发生场所	所在城市	信息来源
5月6日	火灾	地下车库内电动车自燃	0	地下车库	江苏省镇江市	中国江苏网	http://jsnews.jschina.com.cn/zj/a/202205/t20220512_2998179.shtml
5月18日	水灾	湖水外溢致地铁站涝水	0	轨道交通	浙江省杭州市	光明网	https://m.gmw.cn/baijia/2022-05-21/1302957838.html
5月21日	施工事故	建筑基坑施工发生事故	0	建筑基坑	广西壮族自治区南宁市	南宁市住房和城乡建设局	http://zjj.nanning.gov.cn/dtzx/tzgg/zhgl/t5186565.html
5月29日	水灾	暴雨致积水倒灌车库	0	地下车库	湖南省长沙市	南方都市报	http://m.mp.oeeee.com/a/BAAFRD000020220530688497.html
6月16日	火灾	地下车库发生火灾	0	地下车库	贵州省黔南布依族苗族自治州	贵州消防	https://mp.weixin.qq.com/s?__biz=MjM5NTk1Njc1Mw==&mid=2650393827&idx=2&sn=c2ff81a17674c50bfc12ac828761e4d1&chksm=befdfd9d898a748b48ebd7e4affb8983772e15db8422764970b5b73a7796f2b3b56586296118&scene=27#wechat_redirect
6月18日	火灾	地下车库车辆自燃	0	地下车库	安徽省阜阳市	安徽消防	https://view.inews.qq.com/a/20220620A0899R00?no-redirect=1
6月23日	水灾	地下车库因雨水倒灌被淹	0	地下车库	山东省济南市	山东消防	https://m.thepaper.cn/baijiahao_18763779
7月	水灾	持续强降雨致地下车库被淹	0	地下车库	海南省三亚市	南国都市报	https://m.gmw.cn/baijia/2022-07-03/1303026523.html
7月8日	火灾	地下车库火灾	0	地下车库	黑龙江省哈尔滨市	哈尔滨新闻网	https://www.my399.com/p/118439.html
7月10日	火灾	新能源汽车自燃	0	地下车库	山东省聊城市	齐鲁晚报	https://www.sohu.com/a/566594599_121218495
7月18日	施工事故	建筑基坑施工坍塌事故	2	建筑基坑	广东省深圳市	深圳市宝安区人民政府	http://www.baoan.gov.cn/gkmlpt/content/10/10138/post_10138553.html#20469
7月19日	水灾	大雨致地下通道积水	0	地下通道	重庆市	上游新闻	https://www.cqcb.com/puguangtai2022/2022-07-19/4961550_pc.html
7月21日	交通事故	客车撞坏地下车库内车辆及设施	0	地下车库	上海市	环球网	https://baijiahao.baidu.com/s?id=1738936188995829655&wfr=spider&for=pc

续表

时间	类型	起因	死亡人数/人	发生场所	所在城市	信息来源
7月29日	施工事故	隧道施工发生涌水突泥事故	4	隧道	云南省大理市	大理白族自治州人民政府 https://www.dali.gov.cn/dlrmzf/xxgkml/202307/84ccad4a53c44277942754fd3f365f2a.shtml
7月30日	水灾	暴雨致积水倒灌地下车库	0	地下车库	江苏省徐州市	极目新闻 http://society.sohu.com/a/704505002_121687424
8月6日	水灾	群众被困地下隧道	0	隧道	内蒙古自治区呼和浩特市	平安新城 https://www.163.com/dy/article/HE6NG0DJ05376Z0X.html
8月7日	施工事故	轨道施工机具伤害事故	1	轨道交通	江苏省苏州市	苏州住房和城乡建设局 https://zfcjj.suzhou.gov.cn/szszjj/tzgg/202209/af710b239ac44076b05c3b47f42804b4.shtml
8月8日	火灾	车库内电动车起火	0	地下车库	上海市	新民晚报 https://baijiahao.baidu.com/s?id=1740579391847941157&wfr=spider&for=pc
8月17日	水灾	暴雨致地下车库被淹	0	地下车库	内蒙古自治区鄂尔多斯市	鄂尔多斯市科学技术协会 https://mp.weixin.qq.com/s?__biz=MzU4MDcwNjgzOA==&mid=2247530121&idx=2&sn=a5cedaa41e8d252efbe592877b3799f1&chksm=fd5081f0ca2708e686efa718de68d5240573612b9056a996c10aa0d198a965e5e98cba13ebcb&scene=27#wechat_redirect
8月19日	火灾	地下车库起火	0	地下车库	湖南省长沙市	潇湘晨报 https://m.gmw.cn/2022-08/20/content_1303100250.htm
8月23日	交通事故	地下车库交通事故	0	地下车库	湖南省岳阳市	湖南日报 https://baijiahao.baidu.com/s?id=1742856805011138998&wfr=spider&for=pc
8月24日	交通事故	地下车库交通事故	0	地下车库	湖南省岳阳市	湖南日报 https://m.thepaper.cn/baijiahao_19901608
9月10日	火灾	新能源汽车起火	0	地下车库	江苏省镇江市	新华日报 https://www.163.com/dy/article/HH59FVEL05345ASA.html
9月24日	火灾	地下车库车辆自燃	0	地下车库	陕西省西安市	西安消防 https://mp.weixin.qq.com/s?__biz=MzA3NTM2NjAxMQ==&mid=2651220707&idx=1&sn=379ee05b1af906074580700037a67519&chksm=848361f7b3f4e8e1a6a9053371d7f91ddb81ff4b7af18ac194af161c0b8df0e19706c1f552&scene=27
10月10日	火灾	车库内电动车充电起火	0	地下车库	江苏省南京市	扬子晚报 https://www.yangtse.com/zncontent/2514016.html

续表

时间	类型	起因	死亡人数/人	发生场所	所在城市		信息来源
10月29日	其他事故	地下立体车库铁链断裂	0	地下车库	上海市	新民晚报	https://baijiahao.baidu.com/s?id=1748091515634659240&wfr=spider&for=pc
10月31日	火灾	地下车库车辆自燃	0	地下车库	福建省厦门市	海峡导报	https://mp.weixin.qq.com/s?__biz=MjM5NzM2NTMwMQ==&mid=2651619058&idx=2&sn=018edacacf9d429abc94e8f39a557702&chksm=bd23cda88a5444be334afc7bd3d6baf6177d8b8d97657b0856fb589272d709a86c474fae1bae&scene=27
11月20日	其他事故	地下室热力管线事故	2	地下室	北京市	北京朝阳消防	https://m.bjnews.com.cn/detail/166890962514637.html
11月22日	火灾	车库内电动车充电起火	0	地下车库	广西壮族自治区柳州市	南国今报	https://new.qq.com/rain/a/20221122A0A0Z400
12月3日	其他事故	供热管线脱落砸中地下车库车辆	0	地下车库	黑龙江省哈尔滨市	新街生活报	https://www.163.com/dy/article/HNPAG5BL05148U24.html
12月7日	火灾	车库内电动车充电起火	0	地下车库	江苏省南京市	扬子晚报	https://new.qq.com/rain/a/20221209A0AV8900

关于数据来源、选取以及使用采用的说明

1. 数据收集截止时间

本书中城市经济、社会和城市建设等数据收集截止时间为 2023 年 9 月 30 日。

2. 数据的权威性

本书所收集、采用的城市经济与社会发展等数据，均以政府网站所公布的城市统计年鉴、城市建设统计年鉴、政府工作报告、统计公报为准。

本书所收集的城市地下空间政策法规文件、灾害与事故数据统计来源依据国家网信办 2021 年 10 月公开发布的《互联网新闻信息稿源单位名单》，名单涵盖中央新闻网站、中央新闻单位、行业媒体、地方新闻网站、地方新闻单位和政务发布平台等共 1358 家稿源单位。名录详见国家网信办（https://www.cac.gov.cn/2021-10/20/c_1636326280912456.htm）。

3. 数据的准确性

原则上以年度统计年鉴的数据为基础数据，但由于中国城市统计数据对外公布的时间有较大差异，因此以时间为标准，按统计年鉴—城市建设统计年鉴—政府工作报告—统计公报—统计局信息数据—政府官方网站的次序进行采用。

本书部分数据合计数或相对数由于单位取舍不同产生的计算误差均未作机械调整；凡与本书有出入的蓝皮书历史数据，均以本书为准。

主要指标解释

1. 建成区地下空间开发强度

建成区地下空间开发强度为建成区地下空间开发建筑面积与建成区面积之比，是衡量地下空间资源利用有序化和内涵式发展的重要指标，开发强度越高，土地利用经济效益就越大。

建成区地下空间开发强度=建成区地下空间开发建筑面积/建成区面积

2. 人均地下空间规模

人均地下空间规模为城市或地区地下空间建筑面积的人均拥有量，是衡量城市地下空间建设水平的重要指标。

人均地下空间规模=城市地下空间总规模/城市常住人口

3. 地下空间社会主导化率

地下空间社会主导化率为城市普通地下空间规模（扣除人防工程规模）占地下空间总规模的比例，是衡量城市地下空间开发的社会主导或政策主导特性的指标。

地下空间社会主导化率=普通地下空间规模/地下空间总规模

4. 停车地下化率

停车地下化率为城市（城区）地下停车泊位占城市实际总停车泊位的比例，是衡量城市地下空间功能结构、基础设施合理配置的重要指标。

停车地下化率=地下停车泊位/城市实际总停车泊位